"十四五"高等职业教育计算机类专业系列教材

云原生技术与应用
（麒麟版）

主　编　池瑞楠　彭添淞　刘小军
副主编　刘仁锋　高　琪　骆　哲　韩鑫鑫　勾春华

电子工业出版社·

Publishing House of Electronics Industry

北京·**BEIJING**

内 容 简 介

本书是基于银河麒麟服务器操作系统，以企业级云原生案例实战为主导的，用于培养云原生运维工程师的图书。本书偏重典型案例的实操，旨在培养读者的动手操作能力。

本书以项目任务化的形式组织内容，以银河麒麟服务器操作系统为载体，精选企业级的常用云原生服务经典案例进行详细的讲述。全书共分为 6 个项目，内容包括 Kubernetes 基础、KubeVirt 虚拟化、ServiceMesh 技术应用、KubeEdge 边缘计算、Python 与 Kubernetes 运维开发、Kubernetes 云原生 DevOps 综合案例。

本书最后一个项目是一个经典综合案例——Kubernetes 云原生 DevOps 综合案例，将前面几个项目用到的知识和技能融会贯通，以完成 Kubernetes 云原生 DevOps 的 CI/CD。

本书可作为计算机网络技术、云计算技术、大数据技术等相关专业课程的教学用书，也可作为 Linux 中高级运维人员的技术参考用书。通过学习本书，读者可以深入了解云原生技术的基础知识和实践技巧，提高自己在云计算技术和信息技术应用创新领域的技能水平。

图书在版编目（CIP）数据

云原生技术与应用：麒麟版 / 池瑞楠，彭添淞，刘小军主编. -- 北京 ：电子工业出版社，2025. 1.

ISBN 978-7-121-48965-5

Ⅰ. TP393.027

中国国家版本馆 CIP 数据核字第 202405UP72 号

责任编辑：刘　洁
印　　刷：三河市龙林印务有限公司
装　　订：三河市龙林印务有限公司
出版发行：电子工业出版社
　　　　　北京市海淀区万寿路 173 信箱　　　邮编：100036
开　　本：787×1092　　1/16　　印张：12.5　　字数：312 千字
版　　次：2025 年 1 月第 1 版
印　　次：2025 年 1 月第 1 次印刷
定　　价：44.80 元

凡所购买电子工业出版社图书有缺损问题，请向购买书店调换。若书店售缺，请与本社发行部联系，联系及邮购电话：(010) 88254888，88258888。

质量投诉请发邮件至 zlts@phei.com.cn，盗版侵权举报请发邮件至 dbqq@phei.com.cn。

本书咨询联系方式：(010) 88254178，liujie@phei.com.cn。

前　言

1. 缘起

随着信息技术的不断发展和云计算技术的普及，企业对于构建高可用、弹性扩展、易于管理的应用系统的需求越来越迫切。然而，传统的应用运维开发方式往往无法满足这些需求，并且传统的应用架构和部署方式往往存在单点故障、扩展困难、资源浪费等问题，给企业带来了不必要的风险并增加了成本。

在这样的背景下，云原生应用应运而生。云原生应用是指将云原生技术应用于信息技术应用创新领域，通过结合云原生技术的优势和信息技术应用创新领域的需求，为企业提供更加高效、可靠的解决方案。

信息技术应用创新领域对应用系统的稳定性和可靠性的要求非常高。此外，信息技术应用创新领域要求应用系统能够快速迭代和灵活部署。云原生应用通过引入容器化、微服务架构和自动化运维等技术，可以帮助信息技术应用创新领域的企业实现应用系统的高可用、弹性扩展和易管理。

本书的编者长期处于教育一线，深刻感受到学校教育和工程实践之间的鸿沟。出于对这一现状的认识和思考，编者决定编写本书。编者希望通过本书填补云原生技术实操方面的教育"空白"，培养出更多实操能力强的云原生运维工程师。

2. 写作特点

本书的写作具有如下特点。

（1）选用银河麒麟服务器操作系统。

本书基于银河麒麟服务器操作系统，是因为它作为一种稳定、可靠的操作系统，提供了丰富的功能和工具，适用于企业级应用的运维开发。本书将重点关注银河麒麟服务器操作系统与云原生服务的结合，通过企业级云原生案例实战，帮助读者掌握实际应用技能。

（2）以实际项目贯穿全书，突出实践性。

本书以项目任务化的形式组织内容，从一个新手的角度出发，逐步引导读者进入云原生运维的世界。全书共分为 6 个项目，内容包括 Kubernetes 基础、KubeVirt 虚拟化、ServiceMesh 技术应用、KubeEdge 边缘计算、Python 与 Kubernetes 运维开发、Kubernetes 云原生 DevOps 综合案例。本书通过丰富的案例和实操环节，逐步提高读者的动手操作能力。本书中的每个任务都包含了详细的实施步骤，以及相关的注意事项和技巧，相信读者通过学习能够更加深入地理解和掌握云原生技术。

（3）以提高素养为目标，突出创新性。

学习云原生技术与应用是一个长期的过程。要学会云原生技术不难，但是要深入掌握云原生技术的典型应用，并与国产操作系统相结合，就需要长期使用云原生技术并积累大量相关知识。本书突破单纯的技术讲解，将素养、能力的提升融入其中，使读者通过学习，在潜移默化中提高自身能力。

3．使用

本书中的每个项目均包含若干个任务，通过项目描述引出核心教学内容，明确教学目标。每个任务均包含任务描述、任务分析、任务实施 3 个环节。每个项目均设有项目小结、课后练习、实训练习。

项目小结用于总结本项目的重点和难点内容；课后练习主要针对本项目的任务规划知识考核和技能考核习题；实训练习则主要根据本项目的实操任务横向拓展，布置实训任务，帮助读者掌握本项目所学内容。

本书建议授课 64 学时，教学内容与学时安排如下。

序号	项目名称	任务名称	任务学时	项目学时
1	项目 1 Kubernetes 基础	任务 1.1 安装银河麒麟服务器操作系统	3	10
		任务 1.2 安装和配置 Kubernetes 集群	3	
		任务 1.3 使用 Kubernetes 管理容器化应用	4	
2	项目 2 KubeVirt 虚拟化	任务 2.1 基于 KubeVirt 创建虚拟机	3	12
		任务 2.2 管理虚拟机实例与生命周期	3	
		任务 2.3 管理虚拟机运行策略与存储	3	
		任务 2.4 管理虚拟机网络与接口	3	
3	项目 3 ServiceMesh 技术应用	任务 3.1 部署 Bookinfo 应用	4	12
		任务 3.2 启用 Istio 流量管理	4	
		任务 3.3 灰度发布和服务治理	4	
4	项目 4 KubeEdge 边缘计算	任务 4.1 搭建 KubeEdge 边缘计算环境	3	10
		任务 4.2 部署 KubeEdge 管理平台	3	
		任务 4.3 部署云端应用及边缘端应用	4	
5	项目 5 Python 与 Kubernetes 运维开发	任务 5.1 基于 Kubernetes Python SDK 实现 Deploy 的管理	2	8
		任务 5.2 基于 Kubernetes RESTful API 实现 Service 的管理	2	
		任务 5.3 基于 Kubernetes Python SDK 实现通过 HTTP 服务管理 Service	4	
6	项目 6 Kubernetes 云原生 DevOps 综合案例	任务 6.1 安装 GitLab	4	12
		任务 6.2 部署 GitLab Runner	4	
		任务 6.3 配置 GitLab 并构建 CI/CD	4	
	总计			64

希望通过学习本书，读者能够在云原生技术领域获得更深入的理解和实践经验，为企业级应用的运维开发提供更加稳定、高效的解决方案。

4．致谢

本书由深圳职业技术大学的池瑞楠、深圳市云汇创想信息技术有限公司的彭添淞、深

圳市城市职业技术学院的刘小军主编。在编写本书的过程中，编者参阅了国内外同行编写
的相关著作和各类文献；在验证和校对本书的过程中，深圳市云汇创想信息技术有限公司
的工程师们提供了很大的帮助，在此表示诚挚的感谢。由于编者能力有限，本书难免存在
疏漏和不足之处，恳请各位读者给予批评和指正，以便编者进行不断优化和完善，为读者
提供更加优质的学习资源。

编　者

2024 年 3 月

目 录

项目 1

Kubernetes 基础

项目描述

随着云原生技术的兴起，Kubernetes 作为容器编排和管理的主要平台，成为现代应用开发和部署的关键技术之一。本项目将介绍 Kubernetes 的基础知识，包括 Kubernetes 概述、Kubernetes 架构、Kubernetes 的功能和 Kubernetes 的原理。同时，本项目将介绍如何安装银河麒麟服务器操作系统、如何安装和配置 Kubernetes 集群，以及如何使用 Kubernetes 管理容器化应用。通过学习本项目，读者应该了解 Kubernetes 的基础知识，掌握安装银河麒麟服务器操作系统及在银河麒麟服务器操作系统上安装和配置 Kubernetes 集群的技能，并能够使用 Kubernetes 管理容器化应用，为在云原生技术领域的学习和实践奠定坚实的基础。

1. 知识目标

（1）理解 Kubernetes 架构和 Kubernetes 的功能。

（2）掌握 Kubernetes 的一些组件，如 Pod、Service、Deployment 等。

（3）理解 Kubernetes 的原理。

2. 能力目标

（1）能够安装银河麒麟服务器操作系统。

（2）能够安装和配置 Kubernetes 集群。

（3）能够使用 Kubernetes 管理容器化应用。

3. 素养目标

（1）具备以科学的思维方式审视专业问题的能力。

（2）具备实际动手操作与团队合作的能力。

任务分解

本项目旨在让读者掌握 Kubernetes 的基础知识和使用技巧。为了方便读者学习，本项目中的任务被分解为 3 个，内容从基础的安装银河麒麟服务器操作系统到安装和配置

Kubernetes 集群，再到使用 Kubernetes 管理容器化应用，循序渐进。任务分解如表 1-1 所示。

表 1-1　任务分解

任务名称	任务目标	任务学时
任务 1.1　安装银河麒麟服务器操作系统	能够安装银河麒麟服务器操作系统	3
任务 1.2　安装和配置 Kubernetes 集群	能够安装和配置 Kubernetes 集群	3
任务 1.3　使用 Kubernetes 管理容器化应用	能够使用 Kubernetes 管理容器化应用	4
总计		10

知识准备

1. Kubernetes 概述

Kubernetes 是一个开源的容器编排平台，用于自动化部署、扩展和管理容器化应用。Kubernetes 十分可靠，使用 Kubernetes 可以在集群中自动化部署、扩展和管理容器化应用，使应用的部署、扩展和管理变得更加简单和高效。

1）Kubernetes 简介

"Kubernetes" 这个名字源于希腊语，意为 "舵手" 或 "飞行员"。因为 K 和 s 之间有 8 个字符，所以 Kubernetes 简称 K8s。

Kubernetes 是一个一站式完备的分布式系统开发和支撑平台，更是一个开放平台，对现有的编程语言、编程框架、中间件没有任何侵入性。Kubernetes 提供了完善的管理工具，这些工具涵盖了部署、测试、运维开发、监控等环节。

2）Kubernetes 的发展

Kubernetes 的发展就是部署方式的发展，部署方式从传统的硬件服务部署发展到虚拟化部署，再发展到容器化部署，发展历程如图 1-1 所示。

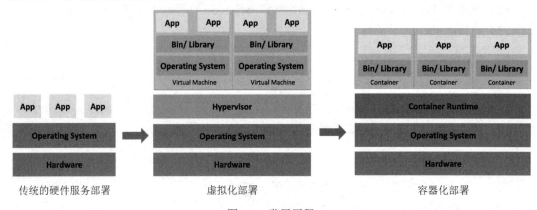

图 1-1　发展历程

大致来说，在部署方式上，Kubernetes 的发展主要经历了以下 3 个时代。

（1）传统的硬件服务部署时代。

早期，企业直接将应用部署在物理机上。由于物理机上不能为应用定义资源使用边界，因此很难合理地分配资源。例如，如果多个应用运行在同一台物理机上，那么可能发生这样的情况：其中的一个应用消耗了大多数的资源，导致其他应用不能正常运行。对此问题的一种解决办法是，将各应用运行在不同的物理机上。然而，这种做法无法大规模实施，这是因为其资源利用率很低，且企业维护物理机的成本昂贵。

（2）虚拟化部署时代。

针对上述问题，虚拟化技术应运而生。用户可以在单台物理机的 CPU 上运行多台虚拟机（Virtual Machine）。

① 虚拟化技术使得应用被虚拟机分隔开，限制了应用之间的非法访问，进而在一定程度上提高了安全性。

② 虚拟化技术提高了物理机的资源利用率，更容易安装或更新应用，降低了硬件成本。

③ 每台虚拟机都可以被当作虚拟化的物理机上的一台完整的机器，其中运行了一台机器的所有组件，包括虚拟机自身的操作系统。

（3）容器化部署时代。

容器与虚拟机类似，但是容器降低了隔离层级，共享了操作系统。因此，容器可以被认为是轻量级的。

① 与虚拟机相似，每个容器都拥有自己的文件系统、CPU、内存、进程空间等。

② 运行应用所需的资源都被容器包装，并和底层基础架构解耦。

③ 容器化应用可以跨云服务商、跨 Linux 发行版部署。

3）Kubernetes 的优点

（1）敏捷地创建和部署应用：相较于创建虚拟机镜像，创建容器镜像更加容易和快速。

（2）持续构建集成：可以更快、更频繁地构建容器镜像，部署容器化应用，并轻松地回滚应用。

（3）分离运维开发的关注点：在开发阶段就完成容器镜像的构建，构建好的镜像可以被部署到多种基础设施上。这种做法将开发阶段需要关注的内容包含在如何构建容器镜像的过程中，将部署阶段需要关注的内容聚焦在如何提供基础设施，以及如何使用容器镜像的过程中，降低了运维开发的耦合度。

（4）可监控：不仅可以查看操作系统级别的资源监控信息，还可以查看应用的健康状态，以及其他信号的监控信息。

（5）开发、测试、生产不同阶段的环境一致：开发阶段在计算机上运行的容器与测试阶段、生产阶段在计算机上运行的容器一致。

（6）跨操作系统发行版、跨云服务商可移植：容器可以在 Ubuntu、RHEL、CoreOS、CentOS 等不同的操作系统发行版上运行，可以在私有化部署、Google Kubernetes Engine、AWS、阿里云等不同的云服务商的环境中运行。

（7）以应用为中心管理：虚拟化部署时代要考虑的问题的焦点是如何在虚拟硬件上运行一个操作系统，而容器化时代要考虑的问题的焦点则是如何在操作系统的逻辑资源上运行一个应用。

（8）松耦合、分布式、弹性、无约束的微服务：应用被切分成更小的、独立的微服务。应用不是一个被部署在专属机器上的庞大的单片应用，可以被动态部署和管理。

（9）资源隔离：确保应用的性能不受干扰。

2. Kubernetes 架构

在集群管理和控制方面，Kubernetes 有两大决策。一个是 Master 节点（管理节点），另一个是 Worker 节点（工作节点）。Master 节点是一个管理中心，也叫集群的控制中心。Kubernetes 的所有指令都会被发送给 Master 节点，Master 节点负责具体的执行过程。Worker 节点是 Kubernetes 集群中除 Master 节点外的其他服务器，早期的版本叫作 Minion。Worker 节点可以是物理机也可以是虚拟机，这一点和 Master 节点是一致的。每个 Worker 节点上都会被分配一些工作负载，即 Docker 容器。

Kubernetes 集群架构如图 1-2 所示。一个 Kubernetes 集群一般包含一个 Master 节点和多个 Worker 节点。

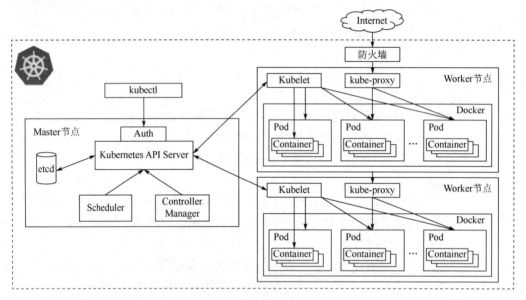

图 1-2　Kubernetes 集群架构

1）Master 节点组件的功能

Master 节点是 Kubernetes 集群控制节点，每个 Kubernetes 集群都需要由一个 Master 节点负责整个集群的管理和控制，基本上 Kubernetes 的所有控制命令都会被发送给 Master 节点，Master 节点负责具体的执行过程。Master 节点通常会占据一个独立的服务器，因为它太重要了，如果它不可用，那么所有控制命令都将失效。

Master 节点上运行着以下关键组件。

（1）kube-apiserver：Kubernetes 集群的统一入口，各组件的协调者，以 HTTP REST 提供接口服务。所有资源的增删改查和监听操作都先交给 kube-apiserver 处理，再提交给 etcd 存储。

（2）kube-controller-manager：Kubernetes 中所有资源的自动化控制中心，用于处理常规后台任务，一个资源对应一个控制器，而 kube-controller-manager 就是负责管理这些控制器的。

（3）kube-scheduler：根据调度算法为新创建的 Pod 选择一个 Worker 节点，可以任意部署 Pod，可以将 Pod 部署在同一个节点上，也可以将 Pod 部署在不同节点上。

（4）etcd：一个分布式的、一致的 key-value 存储系统，主要用途是配置共享和服务发现，保存集群的状态信息，如 Pod、Service 等对象信息。

2）Worker 节点组件的功能

除了 Master 节点，Kubernetes 集群中的其他设备都被称为 Worker 节点。Worker 节点是 Kubernetes 集群中的工作负载节点，每个 Worker 节点都会被 Master 节点分配一些工作负载。当某个 Worker 节点宕机时，该节点上的工作负载会被 Master 节点自动转移到其他节点上。

Worker 节点上运行着以下关键组件。

（1）Kubelet：Master 节点在 Worker 节点上的代理（Agent），与 Master 节点密切协作，管理本机运行容器的生命周期，负责 Pod 对应容器的创建、启动等任务，用于实现 Kubernetes 集群管理的基本功能。

（2）kube-proxy：在 Worker 节点上实现 Pod 网络代理，实现 Service 的通信，维护网络规则和四层负载均衡工作。

（3）docker-engine：Docker 引擎，负责本机容器的创建和管理工作。Worker 节点可以在运行期间被动态增加到 Kubernetes 集群中，前提是这个节点上已经正确安装、配置和启动了上述关键组件。在默认情况下，Kubelet 会向 Master 节点注册自身，一旦 Worker 节点被纳入集群管理范围，Kubelet 就会定时向 Master 节点汇报自身的情况，如操作系统、Docker 版本、CPU 和内存情况，以及之前有哪些 Pod 在运行等。这样 Master 节点可以获知每个 Worker 节点的资源使用情况，并实施高效均衡的资源调度策略。而某个 Worker 节点在超过指定时间不上报信息时，会被 Master 节点判定为"失联"，之后 Worker 节点的状态会被标记为不可用，Master 节点触发"工作负载大转移"的自动流程。

3）Kubernetes 的其他组件

（1）Pod：Kubernetes 中十分重要也是基本的概念。Pod 是最小的部署单元，是一组容器的集合。每个 Pod 都由一个特殊的根容器（Pause 容器），以及一个或多个紧密相关的用户业务容器组成。

在 Kubernetes 中，不会直接对容器进行操作，而会先把容器包装成 Pod 再进行管理，Pod 的翻译是"豌豆荚"，可以把容器想象成豆荚中的豆子，把一个或多个关系紧密的豆子包在一起就是豆荚（一个 Pod）。Pod 是运行服务的基础。

Pause 容器作为 Pod 的根容器，以 Pause 容器的状态代表整个 Pod 的状态。Kubernetes 为每个 Pod 都分配了唯一的 IP 地址。Pod 中的多个业务容器共享 Pause 容器的 IP 地址，共享 Pause 容器挂载的卷。

（2）Label：标签，被附加到某个资源上，用于关联、查询和筛选。一个 Label 是一个 key=value 的键值对，key 与 value 由用户自己指定。Label 可以被附加到各个资源上，一个资源可以定义任意数量的 Label，同一个 Label 也可以被附加到任意数量的资源上。

可以通过给指定的资源捆绑一个或多个不同的 Label 来实现多维度的资源分组管理功能，以便灵活和方便地进行资源分配、调度、配置、部署等工作。

Kubernetes 通过 Label Selector（标签选择器）来查询和筛选拥有某些 Label 的资源。Label Selector 有基于等式（name=label1）和基于集合（name in (label1, label2)）两种方式。

（3）ReplicaSet（RC）：用来确保预期 Pod 的副本数量，如果有过多的 Pod 副本在运行，那么系统会停掉一些 Pod 副本，否则系统会自动创建一些 Pod。

在实际工作过程中，很少单独使用 ReplicaSet。ReplicaSet 主要被 Deployment 这个更高层的资源使用，从而形成一整套创建、删除、更新 Pod 的编排机制。

（4）Deployment：部署无状态应用。Deployment 为 Pod 和 ReplicaSet 提供声明式更新，只需要在 Deployment 中描述想要的目标状态，Deployment 就会将 Pod 和 ReplicaSet 的实际状态改变到目标状态。

（5）Horizontal Pod Autoscaler（HPA）：表示 Pod 横向自动扩容，也是 Kubernetes 的资源。Horizontal Pod Autoscaler 通过追踪分析 ReplicaSet 的所有目标 Pod 的负载变化情况，来确定是否需要有针对性地调整目标 Pod 副本的数量。

（6）Service：定义一个服务的访问入口。通过 Label Selector 与 Pod 副本集群之间"无缝对接"，定义一组 Pod 的访问策略，防止 Pod 失联。

在创建 Service 时，Kubernetes 会自动为 Service 分配一个全局唯一的虚拟 IP 地址。服务发现就是通过 Service 的 NAME 和 Service 的 ClusterIP 地址进行 DNS 域名映射来实现的。

（7）Namespace：命名空间，常用于实现多租户的资源隔离。将集群内部的资源分配到不同的 Namespace 中，可以形成逻辑上分组的不同项目、小组或用户组。

Kubernetes 集群在被启动后，会创建一个名为 default 的 Namespace。如果不特别指明 Namespace，那么 Pod、ReplicaSet、Service 都将被创建到名为 default 的 Namespace 下。

在通过给每个租户创建一个 Namespace 来实现多租户的资源隔离时，还可以结合 Kubernetes 的资源配额管理，限定不同租户能占用的资源，如 CPU 使用量、内存使用量等。

3. Kubernetes 的功能

容器是一个非常好的打包并运行应用的方式。在生产环境中，用户需要管理容器化应用，并确保其被不停机地连续运行。例如，当一个容器因故障停机时，另一个容器需要立刻启动，以替代停机的容器。类似这种对容器的管理动作由系统执行会更好、更快速。

Kubernetes 针对此类问题，提供了容器化编排解决方案，可以非常健壮地运行分布式系统。Kubernetes 可以处理应用的伸缩、Failover、部署模式等多种需求，如图 1-3 所示。

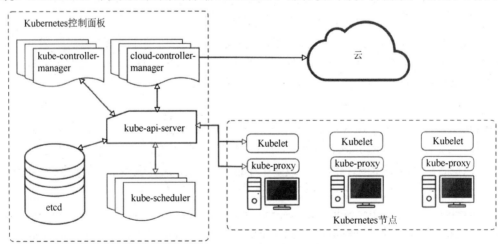

图 1-3 Kubernetes 的功能

1）自动化部署和扩展

Kubernetes 允许先以声明式的方式定义应用的期望状态，再自动处理应用的部署和水平扩展。通过使用 Kubernetes 的对象，如 Deployment 和 ReplicaSet，可以指定应用的副本数量、资源需求和更新策略。Kubernetes 将根据这些配置自动创建和管理 Pod，并确保应用按照期望的状态运行。

2）自我修复

Kubernetes 监控应用的状态，并在应用出现故障时自动进行自我修复。如果一个 Pod 失败或崩溃，那么 Kubernetes 会自动重启该 Pod，以尝试恢复 Pod 的正常运行。此外，Kubernetes 还支持定义健康检查，可以定期检查 Pod 的状态，并在发现 Pod 不健康时对其进行替换。

3）负载均衡和服务发现

Kubernetes 提供内置的负载均衡功能，可以将流量均匀地分发到一组 Pod 中。通过创建一个 Service，Kubernetes 会为该 Service 分配一个唯一的虚拟 IP 地址，并将流量路由到与该 Service 相关联的 Pod 中。这样即可在应用中使用 Service 的虚拟 IP 地址，而不需要关心后端 Pod 的具体位置。Kubernetes 还支持基于 DNS 的服务发现功能，使应用能够动态地发现和连接到其他服务。

4）存储编排

Kubernetes 提供多种存储选项，可以很方便地将存储卷挂载到容器中，以实现数据持久化和共享。可以使用 PersistentVolume（PV）和 PersistentVolumeClaim（PVC）定义存储卷和对存储卷的请求。Kubernetes 会根据这些配置自动将存储卷挂载到 Pod 的容器中，并确保数据的持久性和可靠性。

5）配置和密钥管理

Kubernetes 允许以声明式的方式进行应用的配置和密钥管理。可以使用 ConfigMap 存储应用的配置，并使用 Secret 存储敏感的密钥。这些配置和密钥可以在 Pod 的环境变量、命令行参数或文件中使用，而无须直接暴露在容器镜像中。这样即可轻松地管理和更新应用的配置，而无须重新构建容器镜像。

6）批量作业和定时任务

除了长期运行的应用，Kubernetes 还支持批量作业和定时任务。可以使用 Job 和 CronJob 定义一次性的或定期运行的任务。Kubernetes 会根据任务的定义自动创建和管理 Pod，以确保任务成功。

以上功能是 Kubernetes 的一些核心功能，用于简化容器化应用的部署、管理和扩展。基于以上功能，Kubernetes 提供了一个强大且灵活的平台，适用于各种规模和类型的应用。

4．Kubernetes 的原理

1）Kubernetes API Server 分析

Kubernetes API Server 是 Kubernetes 集群的核心组件之一，是 Kubernetes 集群的控制

平面组件，负责接收和处理来自用户、外部系统和其他 Kubernetes 组件的请求。

Kubernetes API Server 的功能如下。

（1）提供集群的主要接口：Kubernetes API Server 提供一组 Kubernetes RESTful API，用于管理和操作集群中的对象，如 Pod、Service、Deployment 等。这组 Kubernetes RESTful API 允许用户和其他组件执行各种操作，如创建、更新、删除和查询对象。

（2）认证和授权：Kubernetes API Server 负责对请求进行身份认证和授权，支持多种身份认证方式，如基于令牌的身份认证、基于证书的身份认证和基于用户名/密码的身份认证。一旦请求通过身份认证，Kubernetes API Server 就会使用访问控制策略（RBAC 等）授权请求。

（3）数据存储和同步：Kubernetes API Server 使用 etcd 存储和同步集群的状态。它将对象的配置和状态存储在 etcd 中，并确保集群中的所有组件都可以访问和同步这些信息。

（4）事件处理：Kubernetes API Server 负责处理集群中的事件。它接收来自各个组件的事件，并将其存储在 etcd 中。用户可以查询这些事件，以了解集群中发生的变化和问题。

（5）Webhook：Kubernetes API Server 支持 Webhook，可以将请求转发给外部服务进行处理。这样可以实现自定义的认证、授权和其他操作。

Kubernetes API Server 的请求处理流程如下。

（1）路由和身份认证：Kubernetes API Server 接收请求后，首先进行路由，确定请求的目标资源和操作，其次对请求进行身份认证，认证请求的身份和凭证是否有效。

（2）授权：一旦请求通过身份认证，Kubernetes API Server 将使用访问控制策略（RBAC 等）授权请求，检查请求的用户或服务账号是否具有执行操作的权限。

（3）数据存储和同步：Kubernetes API Server 使用 etcd 存储和检索集群中的对象配置和状态信息。在处理请求时，Kubernetes API Server 可能需要读取或修改 etcd 中的数据，以满足请求的要求。

（4）响应生成：Kubernetes API Server 根据请求的结果生成响应。响应通常包含请求的状态码、结果和其他元数据。

（5）事件处理：如果请求导致集群的状态发生了变化或触发了事件，那么 Kubernetes API Server 将生成相应的事件，并将其存储在 etcd 中。这些事件可以被其他组件处理。

Kubernetes API Server 的原理涉及请求的路由、身份认证、授权、数据存储和同步等多个方面。它作为集群的核心接口，承担着管理和操作集群对象的重要角色，为用户和其他组件提供了统一的访问方式。

2）Kubelet 运行机制的原理

（1）节点注册：Kubelet 在启动时会向 Master 节点发送节点注册请求，将自己注册到集群中。这样 Master 节点就知道了集群中的所有节点，并可以向 Kubelet 发送指令和任务。

（2）容器管理：Kubelet 监听 Kubernetes API Server 的节点事件。当有新的 Pod 被调度到节点上时，Kubelet 接收相应的事件通知。Kubelet 会拉取容器镜像、启动容器、监控容器的状态，并在需要时重启或销毁容器。

（3）资源管理：Kubelet 通过与容器运行时交互，获取节点上容器的资源（CPU、内存和磁盘等）使用情况。Kubelet 定期将节点上容器的资源使用情况报告给 Master 节点，以便 Master 节点进行全局资源调度和负载均衡。

（4）健康检查和自愈：Kubelet 定期对节点上的容器进行健康检查，检查容器是否正常运行。如果发现容器异常运行或停止运行，那么 Kubelet 会尝试重启容器，以确保容器的可用性。如果容器多次重启失败，那么 Kubelet 会报告给 Master 节点，并将容器标记为失败状态。

（5）与其他组件交互：Kubelet 与其他 Kubernetes 组件进行交互，如与 Kubernetes API Server 进行通信，接收来自 Master 节点的指令和任务。Kubelet 还与 kube-proxy 进行通信，以便为 Pod 提供网络代理和服务发现功能。

Kubelet 在节点上负责节点注册、资源管理和健康检查等任务。它与 Master 节点进行通信，接收和执行来自 Master 节点的指令，并将节点上的状态和资源使用情况报告给 Master 节点。Kubelet 在整个集群中起着十分关键的作用，可以确保容器的正常运行和集群资源的有效利用。

3）Kubernetes 调度控制的原理

（1）调度器。

Kubernetes 调度控制由调度器负责。调度器通常运行在 Master 节点上，Master 节点监视集群中的节点和 Pod，根据一系列的调度策略，将 Pod 分配给合适的节点。

（2）调度策略。

调度器使用一组调度策略决定将 Pod 调度到哪个节点上。这组策略可以是预定义的，也可以是用户自定义的。常见的调度策略如下。

① 资源需求：调度器会考虑每个节点的资源使用情况，将 Pod 分配到资源充足的节点上，以免出现资源争用的情况。

② 亲和性和反亲和性：调度器可以根据 Pod 和节点的 Label 进行亲和性和反亲和性调度，以确保或避免特定的 Pod 被调度到特定的节点上。

③ 优先级：调度器可以为 Pod 设置优先级，并根据优先级进行调度，以确保高优先级的 Pod 能够被尽快调度。

（3）调度流程。

调度器通过监听 Kubernetes API Server 发送的事件，获取集群中的节点和 Pod 的信息。

当有新的 Pod 被创建或现有 Pod 发生变化时，调度器会触发调度流程。

调度器首先根据调度策略选择一组合适的候选节点。

调度器会评估每个候选节点的资源使用情况、亲和性和反亲和性规则等，以确定是否可以将 Pod 调度到该节点上。调度器会选择最佳节点，并将调度策略发送给 Kubernetes API Server。

Kubernetes API Server 将调度策略保存到 etcd 中，并通知相应的节点上的 Kubelet 进行容器的创建和启动。调度流程如图 1-4 所示。

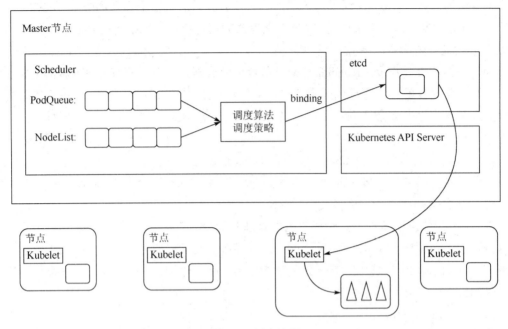

图 1-4　调度流程

（4）扩展调度器。

Kubernetes 还支持扩展调度器，允许用户根据自己的需求自定义调度策略。

用户可以编写自定义调度器，通过实现调度器接口并部署到集群中来扩展调度器的功能。

自定义调度器可以根据特定的需求进行调度决策，如特定的资源需求、节点亲和性和反亲和性规则等。

任务 1.1　安装银河麒麟服务器操作系统

1．任务描述

本任务旨在帮助读者快速掌握如何安装银河麒麟服务器操作系统，将 VMware Workstation 作为实操环境。在本任务中，读者将学习如何正确安装银河麒麟服务器操作系统，并逐步完成以下步骤：准备 VMware Workstation 软件、安装银河麒麟服务器操作系统，以及配置网络和进行基本设置。通过学习本任务，读者将获得安装银河麒麟服务器操作系统的实践经验，为构建可靠且高效的云原生应用环境奠定基础。这将使读者熟悉银河麒麟服务器操作系统的特性，并能够在实践中灵活运用银河麒麟服务器操作系统，为应用的部署、管理和维护提供更好的支持。

2．任务分析

1）规划节点

使用银河麒麟服务器操作系统规划节点，如表 1-2 所示。

表 1-2 　规划节点

IP 地址	主机名	节点
192.168.111.10	Master	Kylin 服务器控制节点
192.168.111.11	Worker	Kylin 服务器工作节点

2）基础准备

使用本地 PC（个人计算机）环境下的 VMware Workstation 进行实操练习，使用 Kylin-Server-10-SP2-Release-Build09-20210524-x86_64.iso 镜像文件，完成 Master 节点和 Worker 节点的安装。

3．任务实施

（1）双击"VMware-workstation-full-16.2.4.exe"图标，等待数秒后，在弹出的"VMware Workstation Pro 安装"窗口的"欢迎使用 VMware Workstation Pro 安装向导"界面中，单击"下一步"按钮，如图 1-5 所示。

（2）在"最终用户许可协议"界面中，勾选"我接受许可协议中的条款"复选框，单击"下一步"按钮，如图 1-6 所示。

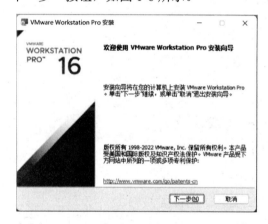

图 1-5 　"欢迎使用 VMware Workstation Pro 安装向导"界面

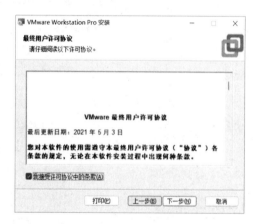

图 1-6 　"最终用户许可协议"界面

（3）在"自定义安装"界面中，取消勾选"增强型键盘驱动程序（需要重新引导以使用此功能）"复选框，勾选"将 VMware Workstation 控制台工具添加到系统 PATH"复选框，单击"下一步"按钮，如图 1-7 所示。

（4）在"用户体验设置"界面中，取消勾选"启动时检查产品更新"复选框和"加入 VMware 客户体验提升计划"复选框，单击"下一步"按钮，如图 1-8 所示。

（5）在"快捷方式"界面中，勾选"桌面"复选框和"开始菜单程序文件夹"复选框，单击"下一步"按钮，如图 1-9 所示。

（6）在如图 1-10 所示的"已准备好安装 VMware Workstation Pro"界面中，单击"安装"按钮，弹出如图 1-11 所示的"正在安装 VMware Workstation Pro"界面，开始安装 VMware Workstation。

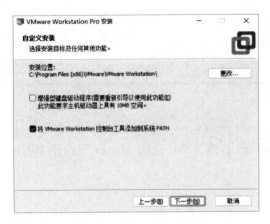

图 1-7 "自定义安装"界面

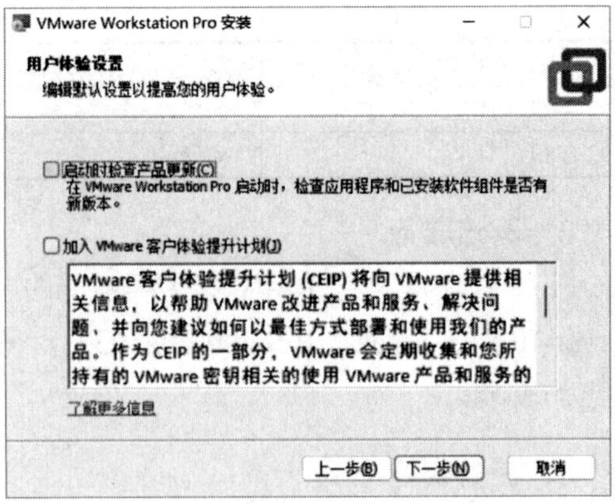

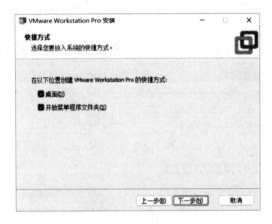

图 1-8 "用户体验设置"界面

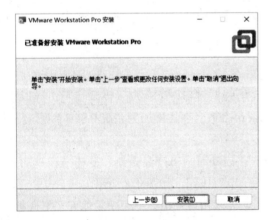

图 1-9 "快捷方式"界面

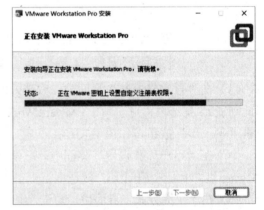

图 1-10 "已准备好安装 VMware Workstation Pro"界面

图 1-11 "正在安装 VMware Workstation Pro"界面

（7）安装完成后，暂不输入许可证密钥。在"VMware Workstation Pro 安装向导已完成"界面中，单击"完成"按钮，如图 1-12 所示。

（8）双击桌面上的"VMware Workstation"图标，在弹出的"欢迎使用 VMware Workstation 16"对话框中，选中"我希望试用 VMware Workstation 16 30 天"单选按钮，单击"继续"按钮，如图 1-13 所示。

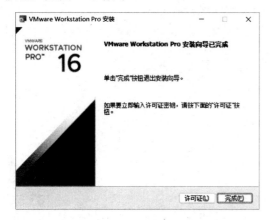

图 1-12　"VMware Workstation Pro 安装向导　　　图 1-13　"欢迎使用 Vmware Workstation 16"
已完成"界面　　　　　　　　　　　　　　　对话框

安装好的 VMware Workstation 主界面如图 1-14 所示。

图 1-14　VMware Workstation 主界面

（9）在 VMware Workstation 主界面中，单击"创建新的虚拟机"按钮，如图 1-15 所示。

（10）在"欢迎使用新建虚拟机向导"界面中，选中"典型（推荐）"单选按钮，单击"下一步"按钮，如图 1-16 所示。

（11）在"安装客户机操作系统"界面中，选中"稍后安装操作系统"单选按钮，单击"下一步"按钮，如图 1-17 所示。

图 1-15　单击"创建新的虚拟机"按钮

图 1-16　"欢迎使用新建虚拟机向导"界面

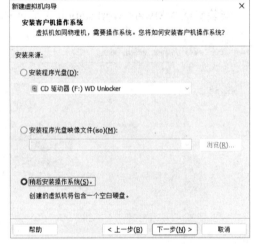

图 1-17　"安装客户机操作系统"界面

（12）在"选择客户机操作系统"界面中，选中"客户机操作系统"选项组中的"Linux"单选按钮，在"版本"下拉列表中选择"其他 Linux 4.x 内核 64 位"选项，单击"下一步"按钮，如图 1-18 所示。

（13）在"命名虚拟机"界面的"虚拟机名称"文本框中输入"Master"，选择安装位置，单击"下一步"按钮，如图 1-19 所示。

（14）在"指定磁盘容量"界面中，设置"最大磁盘大小（GB）"为"100"，选中"将虚拟磁盘存储为单个文件"单选按钮，单击"下一步"按钮，如图 1-20 所示。

（15）在"已准备好创建虚拟机"界面中，单击"完成"按钮，如图 1-21 所示。

图 1-18　"选择客户机操作系统"界面

图 1-19　"命名虚拟机"界面

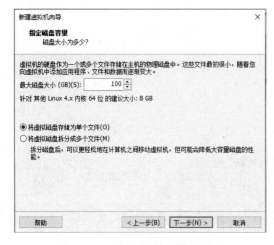

图 1-20　"指定磁盘容量"界面

图 1-21　"已准备好创建虚拟机"界面

（16）在 VMware Workstation 主界面中，选择"虚拟机"→"设置"命令，在弹出的"虚拟机设置"对话框的"硬件"选项卡中，选择左侧的"内存"选项，在右侧设置"内存"为"8192 MB"；选择左侧的"处理器"选项，在右侧设置"处理器数量"和"每个处理器的内核数量"均为"2"；选择左侧的"CD/DVD（IDE）"选项，在右侧选中"使用 ISO 映像文件"单选按钮，单击"浏览"按钮，添加本任务提供的 ISO 映像文件，单击"确定"按钮，如图 1-22 所示。

（17）单击"开启此虚拟机"按钮，如图 1-23 所示。

（18）进入系统安装选项界面，选择"Install Kylin Linux Advanced Server V10"选项，按回车键，如图 1-24 所示。

（19）在"欢迎使用 Kylin Linux Advanced Server V10。"界面中，选择"中文"→"简体中文"选项，单击"继续"按钮，如图 1-25 所示。

（20）进入"时间和日期"界面，选择"地区"为"亚洲"、"城市"为"上海"，单击左上角的"完成"按钮，如图 1-26 所示。

图 1-22 "虚拟机设置"对话框

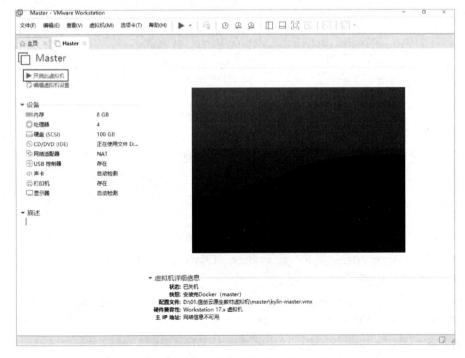

图 1-23 单击"开启此虚拟机"按钮

图 1-24　系统安装选项界面

图 1-25　"欢迎使用 Kylin Linux Advanced Server V10。"界面

图 1-26　"时间和日期"界面

（21）进入"安装目标位置"界面，选择"VMware,VMware Virtual S sda/1023 KiB 空闲"选项，在下方默认选中"自动"单选按钮，单击左上角的"完成"按钮，如图 1-27 所示。

在"安装信息摘要"界面中，单击右下角的"开始安装"按钮，开始安装系统，如图 1-28 所示。

图 1-27　"安装目标位置"界面

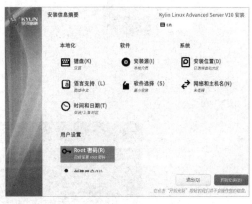

图 1-28　"安装信息摘要"界面

（22）进入"软件选择"界面，选中"最小安装"单选按钮，单击左上角的"完成"按钮，如图 1-29 所示。

（23）进入"ROOT 密码"界面，设置"Root 密码"为"Kylin2023"，单击左上角的"完成"按钮，如图 1-30 所示。

 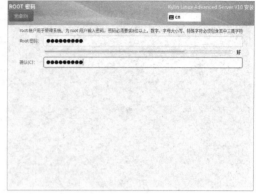

图 1-29 "软件选择"界面　　　　　　图 1-30 "ROOT 密码"界面

（24）等待一段时间后，系统安装完成。在"安装进度"界面中，单击"重启系统"按钮，重启虚拟机，如图 1-31 所示。

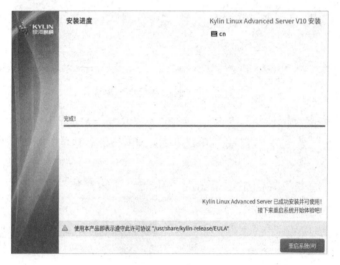

图 1-31 "安装进度"界面

（25）重启虚拟机后，选择默认的第一个选项，按回车键，即可进入操作系统，如图 1-32 所示。

图 1-32 选择默认的第一个选项

（26）首次进入系统后，需要进行初始化，先输入"3"，按回车键，再输入"2"，按回车键，接着输入"c"，按回车键，最后输入"c"，按回车键，如图 1-33 所示。

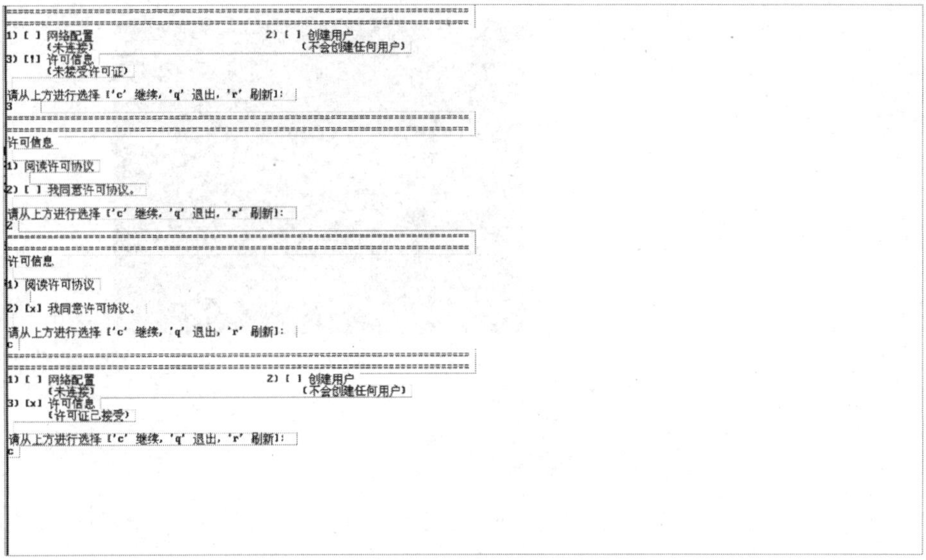

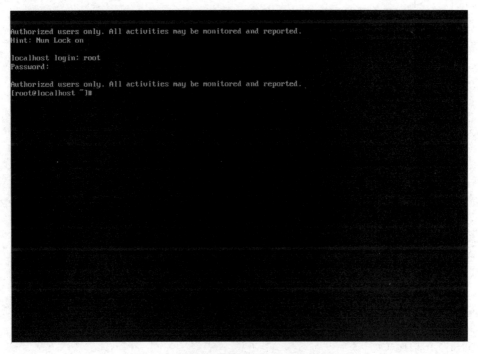

图 1-33　初始化

（27）重启系统后，输入用户名及密码，完成登录。银河麒麟服务器操作系统登录界面如图 1-34 所示。

图 1-34　银河麒麟服务器操作系统登录界面

（28）基于以上操作步骤，自行完成 Worker 节点的安装。Worker 节点的配置如图 1-35 所示。

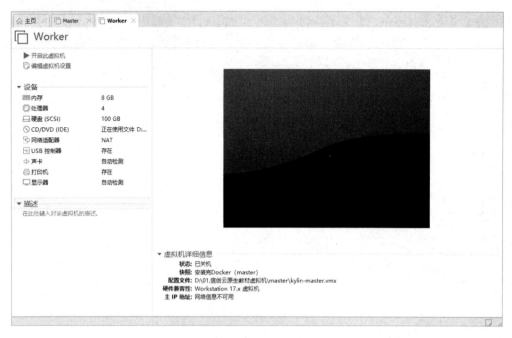

图 1-35　Worker 节点的配置

（29）登录两台虚拟机，完成节点 IP 地址的配置，将 Master 节点的 IP 地址设置为 192.168.111.10，将 Worker 节点的 IP 地址设置为 192.168.111.11，将网关的 IP 地址设置为 192.168.111.254。

① 设置 Master 节点的 IP 地址。

```
[root@localhost ~]# vi /etc/sysconfig/network-scripts/ifcfg-ens33
TYPE=Ethernet
PROXY_METHOD=none
BROWSER_ONLY=no
BOOTPROTO=static
DEFROUTE=yes
IPv4_FAILURE_FATAL=no
IPv6INIT=yes
IPv6_AUTOCONF=yes
IPv6_DEFROUTE=yes
IPv6_FAILURE_FATAL=no
IPv6_ADDR_GEN_MODE=stable-privacy
NAME=ens33
UUID=1b6b34ec-11f5-47f5-909c-a307765acb30
DEVICE=ens33
ONBOOT=yes
IPADDR=192.168.111.10
NETMASK=255.255.255.0
GATEWAY=192.168.111.254
[root@localhost ~]# nmcli c reload ens33
```

```
[root@localhost ~]# nmcli c up ens33
连接已成功激活（D-Bus 活动路径：/org/freedesktop/NetworkManager/ActiveConnection/4）
[root@localhost ~]# ip a
1: lo: <LOOPBACK,UP,LOWER_UP> mtu 65536 qdisc noqueue state UNKNOWN group default qlen 1000
    link/loopback 00:00:00:00:00:00 brd 00:00:00:00:00:00
    inet 127.0.0.1/8 scope host lo
        valid_lft forever preferred_lft forever
    inet6 ::1/128 scope host
        valid_lft forever preferred_lft forever
2: ens33: <BROADCAST,MULTICAST,UP,LOWER_UP> mtu 1500 qdisc fq_codel state UP group default qlen
1000
    link/ether 00:0c:29:12:4b:15 brd ff:ff:ff:ff:ff:ff
    inet 192.168.111.10/24 brd 192.168.111.255 scope global noprefixroute ens33
        valid_lft forever preferred_lft forever
    inet6 fe80::37f8:7390:504b:26db/64 scope link noprefixroute
        valid_lft forever preferred_lft forever
```

② 设置 Worker 节点的 IP 地址。

```
[root@localhost ~]# vi /etc/sysconfig/network-scripts/ifcfg-ens33
TYPE=Ethernet
PROXY_METHOD=none
BROWSER_ONLY=no
BOOTPROTO=static
DEFROUTE=yes
IPv4_FAILURE_FATAL=no
IPv6INIT=yes
IPv6_AUTOCONF=yes
IPv6_DEFROUTE=yes
IPv6_FAILURE_FATAL=no
IPv6_ADDR_GEN_MODE=stable-privacy
NAME=ens33
UUID=1b6b34ec-11f5-47f5-909c-a307765acb30
DEVICE=ens33
ONBOOT=yes
IPADDR=192.168.111.11
NETMASK=255.255.255.0
GATEWAY=192.168.111.254
[root@localhost ~]# nmcli c reload ens33
[root@localhost ~]# nmcli c up ens33
连接已成功激活（D-Bus 活动路径：/org/freedesktop/NetworkManager/ActiveConnection/4）
[root@localhost ~]# ip a
1: lo: <LOOPBACK,UP,LOWER_UP> mtu 65536 qdisc noqueue state UNKNOWN group default qlen 1000
    link/loopback 00:00:00:00:00:00 brd 00:00:00:00:00:00
    inet 127.0.0.1/8 scope host lo
```

```
    valid_lft forever preferred_lft forever
inet6 ::1/128 scope host
    valid_lft forever preferred_lft forever
2: ens33: <BROADCAST,MULTICAST,UP,LOWER_UP> mtu 1500 qdisc fq_codel state UP group default qlen
1000
link/ether 00:0c:29:76:33:f7 brd ff:ff:ff:ff:ff:ff
inet 192.168.111.11/24 brd 192.168.111.255 scope global noprefixroute ens33
    valid_lft forever preferred_lft forever
inet6 fe80::a03:fb83:6700:2a7c/64 scope link noprefixroute
    valid_lft forever preferred_lft forever
```

（30）使用 SecureCRT 连接两台虚拟机，如图 1-36、图 1-37 所示。

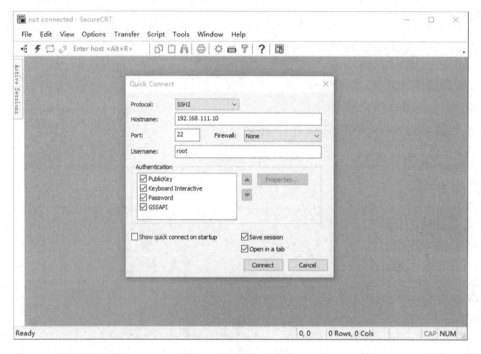

图 1-36　连接虚拟机 1

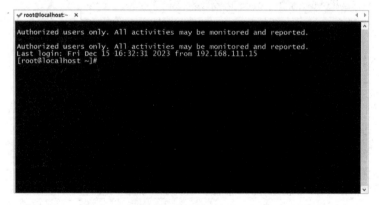

图 1-37　连接虚拟机 2

至此，银河麒麟服务器操作系统安装完成。

任务 1.2　安装和配置 Kubernetes 集群

1．任务描述

本任务旨在帮助读者快速掌握使用脚本工具自动安装和配置 Kubernetes 集群的基础知识和技能，指导读者如何执行安装脚本，进行 Kubernetes 集群的自动化安装和配置，以及如何使用 kubectl 命令连接 Kubernetes 集群，并执行一些基本的命令（获取节点的列表命令、查看集群的状态命令等），以确保 Kubernetes 集群正常运行并可用于后续的应用部署。通过学习本任务，读者将获得使用脚本自动化安装和配置 Kubernetes 集群的实践经验，为构建可靠且高效的云原生应用环境奠定基础。这将使读者更好地理解和应用 Kubernetes 的功能，为后续的任务奠定基础。

2．任务分析

1）规划节点

使用银河麒麟服务器操作系统规划节点，如表 1-3 所示。

表 1-3　规划节点

IP 地址	主机名	节点
192.168.111.10	Master	Kylin 服务器控制节点
192.168.111.11	Worker	Kylin 服务器工作节点

2）基础准备

使用本地 PC 环境下的 VMware Workstation 进行实操练习，使用 Kylin-Server-10-SP2-Release-Build09-20210524-x86_64.iso 镜像文件，将主机类型设置为 4vcpu、8GB 内存、100GB 磁盘；使用 NAT 网络模式，将 Master 节点的 IP 地址设置为 192.168.111.10，将 Worker 节点的 IP 地址设置为 192.168.111.11，将网关的 IP 地址设置为 192.168.111.254，将主机密码设置为 Kylin2023，自行为虚拟机配置 IP 地址。

3．任务实施

1）准备 Kubernetes 集群安装环境

将软件包 Kylin_K8S.iso 上传到 Master 的/root 目录下。

```
[root@localhost ~]# ls
anaconda-ks.cfg    initial-setup-ks.cfg    Kylin_K8S.iso
```

挂载镜像并复制软件包 Kylin_K8S.iso 到/opt/目录下。

```
[root@localhost ~]# mount -o loop Kylin_K8S.iso /mnt/
mount: /mnt: WARNING: source write-protected, mounted read-only.
[root@localhost ~]# cp -rf /mnt/* /opt/
[root@localhost ~]# ls /opt/
```

```
cni-plugins-linux-amd64-v1.2.0.tgz   Kylin_k8s1.22.1_image.tar.gz
install                              paas-repo
```

2）安装 Kubernetes 集群

进入/opt/目录，查看部署工具。

```
[root@localhost ~]# cd /opt/
[root@localhost opt]# ./install
请提供控制节点 IP、控制节点密码、工作节点 IP 和工作节点密码。
##########################################################
#                                                        #
#        项目名称：基于 Kylin 的 K8s 一键部署脚本         #
#        作者：深圳市云汇创想信息技术有限公司             #
#        版权所有 Yunhui_ChuangXiang(C) 2023             #
#                                                        #
##########################################################
用法: ./install [选项]
选项:
  -h,  --help                 显示帮助菜单
  -c,  --control-ip           控制节点 IP
  -cp, --control-password     控制节点密码
  -w,  --worker-ip            工作节点 IP
  -wp, --worker-password      工作节点密码
说明: 如果只有一个节点那么无须指定工作节点 IP 和工作节点密码
```

此时，将会提示用户输入对应的控制节点 IP、控制节点密码、工作节点 IP 和工作节点密码。下面通过上述部署工具进行 Kubernetes 集群的安装。

```
[root@localhost opt]# ./install -c 192.168.111.10   -cp Kylin2023 -w 192.168.111.11 -wp Kylin2023
[信息] 正在部署 Kubernetes...
控制节点 IP:    192.168.111.10
控制节点密码: Kylin2023
工作节点 IP:    192.168.111.11
工作节点密码: Kylin2023
# 下面先输入 y 代表确认信息，然后按回车键即可
请确认以上内容是否正确 (Y/N): y
...
#忽略输出
...
```

等待 5～10 分钟，即可完成 Kubernetes 集群的安装。使用自动化部署工具可以大大简化和加快 Kubernetes 集群的安装过程，且不容易出错。

3）验证 Kubernetes 集群的环境

待 Kubernetes 集群安装完成后，重新登录两台虚拟机，如图 1-38、图 1-39 所示。

图 1-38　登录 Master 节点

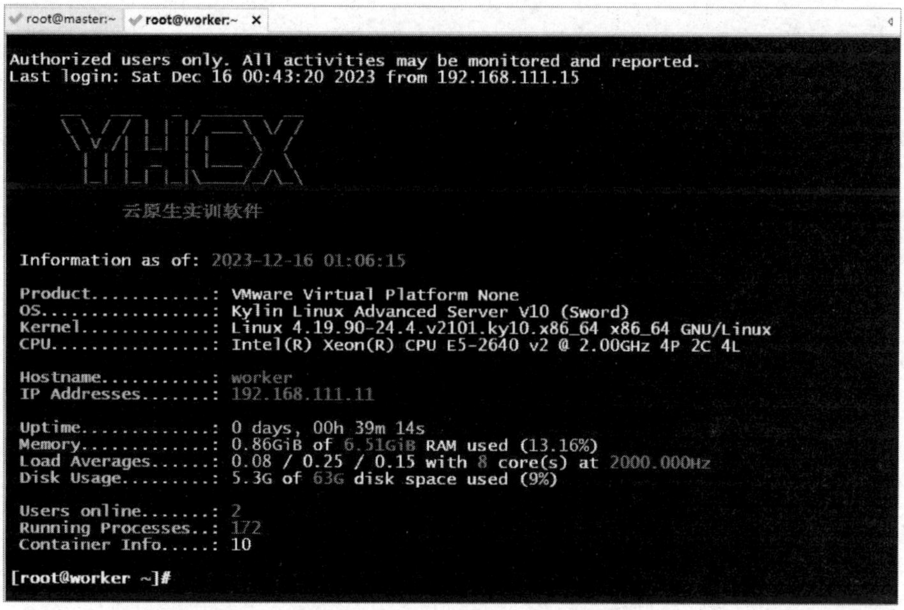

图 1-39　登录 Worker 节点

可以看到，重新登录后，两台虚拟机的主机名已经自动配置好了，且还有自带的登录提示等信息。

（1）查看节点状态。

```
[root@master ~]# kubectl get nodes
NAME      STATUS    ROLES                    AGE      VERSION
master    Ready     control-plane,master     9m35s    v1.22.1
worker    Ready     worker                   8m55s    v1.22.1
```

（2）查看 Kubernetes 集群的状态。

```
[root@master ~]# kubectl cluster-info
Kubernetes control plane is running at https://192.168.111.10:6443
CoreDNS is running at https://192.168.111.10:6443/api/v1/namespaces/kube-system/services/kube-dns:dns/proxy
To further debug and diagnose cluster problems, use 'kubectl cluster-info dump'.
```

至此，Kubernetes 集群安装和配置完成。

任务 1.3 使用 Kubernetes 管理容器化应用

1．任务描述

本任务旨在帮助读者快速掌握使用 Kubernetes 管理容器化应用的基础知识和技能，主要内容包括编写 Dockerfile 并构建容器镜像、使用 Kubernetes 管理容器化应用。通过学习本任务，读者将获得在银河麒麟服务器操作系统上使用 Kubernetes 管理容器化应用的实践经验，为构建可靠且高效的云原生应用环境奠定基础。这将使读者更好地理解和应用 Kubernetes 的功能，实现应用的弹性扩展、定制化应用的快速部署。

2．任务分析

1）规划节点

使用银河麒麟服务器操作系统规划节点，如表 1-4 所示。

表 1-4 规划节点

IP 地址	主机名	节点
192.168.111.10	Master	Kylin 服务器控制节点
192.168.111.11	Worker	Kylin 服务器工作节点

2）基础准备

使用本地 PC 环境下的 VMware Workstation 进行实操练习，使用 Kylin-Server-10-SP2-Release-Build09-20210524-x86_64.iso 镜像文件，将主机类型设置为 4vcpu、8GB 内存、100GB 磁盘；使用 NAT 网络模式，将 Master 节点的 IP 地址设置为 192.168.111.10，将 Worker 节点的 IP 地址设置为 192.168.111.11，将网关的 IP 地址设置为 192.168.111.254，将主机密码设置为 Kylin2023，自行为虚拟机配置 IP 地址。

3．任务实施

1）编写 Dockerfile 并构建容器镜像

创建 Dockerfile 的工作目录。

```
[root@master ~]# mkdir /opt/nginx
[root@master ~]# cd /opt/nginx/
```

将软件包 icons.tar.gz 和 nginx_latest.tar 上传到/opt/nginx 目录下，完成镜像的导入，并在该目录下创建 Dockerfile。

```
[root@master nginx]# ls
icons.tar.gz   nginx_latest.tar
[root@master nginx]# docker load -i nginx_latest.tar
07cab4339852: Loading layer   72.49MB/72.49MB
822ae9fef1d8: Loading layer   64.53MB/64.53MB
7230cfe05cc1: Loading layer   3.072kB/3.072kB
8eb80f066de2: Loading layer   4.096kB/4.096kB
8032102adebe: Loading layer   3.584kB/3.584kB
Loaded image: nginx:latest
[root@master nginx]# vi Dockerfile
# Dockerfile 的内容如下
# Nginx with icons
# 指定基础镜像
FROM nginx:latest
# 指定作者
MAINTAINER Mzkito
# 将软件包 icons.tar.gz 复制到容器内部
ADD icons.tar.gz /root
# 将 nginx 目录下的文件删除
RUN rm -rf /usr/share/nginx/html/*
# 将 icons 中的文件复制到 nginx 目录下
RUN cp /root/icons/* /usr/share/nginx/html/
# 开放端口 80
EXPOSE 80
# 启动 Nginx
CMD ["nginx","-g","daemon off;"]
```

编写完 Dockerfile 后，进行镜像的构建，此处将镜像命名为 nginx_icons:v1.0。

```
[root@master nginx]# docker build -t nginx_icons:v1.0 .
Sending build context to Docker daemon   137.1MB
Step 1/7 : FROM nginx:latest
 ---> 992e3b7be046
Step 2/7 : MAINTAINER Mzkito
 ---> Running in b709017fbc0b
Removing intermediate container b709017fbc0b
 ---> 2f8b92d96b75
Step 3/7 : ADD icons.tar.gz /root
 ---> 4b127e757aee
Step 4/7 : RUN rm -rf /usr/share/nginx/html/*
 ---> Running in 84fc15df0591
Removing intermediate container 84fc15df0591
 ---> 80fc380b678a
Step 5/7 : RUN cp /root/icons/* /usr/share/nginx/html/
```

```
---> Running in 346f26a56cad
Removing intermediate container 346f26a56cad
 ---> c2748b969142
Step 6/7 : EXPOSE 80
 ---> Running in f93ac38fc87a
Removing intermediate container f93ac38fc87a
 ---> 72673a6114b7
Step 7/7 : CMD ["nginx","-g","daemon off;"]
 ---> Running in 3fee5f3b7e21
Removing intermediate container 3fee5f3b7e21
 ---> 71113396d306
Successfully built 71113396d306
Successfully tagged nginx_icons:v1.0
```

查看构建成功的镜像。

```
[root@master nginx]# docker images |grep nginx_icons
nginx_icons     v1.0     71113396d306     46 seconds ago     133MB
```

将镜像打包，并发送到 Worker 节点上进行导入。

```
[root@master nginx]# docker save -o nginx_icons.tar nginx_icons:v1.0
[root@master nginx]# scp nginx_icons.tar worker:/root/
The authenticity of host 'worker (192.168.111.11)' can't be established.
ECDSA key fingerprint is SHA256:h8jC6LMACMkf/Y36Pj87c/LgW9lDy+WtOsQQLkHSLhs.
Are you sure you want to continue connecting (yes/no/[fingerprint])? yes
Warning: Permanently added 'worker' (ECDSA) to the list of known hosts.
Authorized users only. All activities may be monitored and reported.
nginx_icons.tar                        100%   131MB   78.6MB/s   00:01

[root@worker ~]# docker load -i nginx_icons.tar
07cab4339852: Loading layer   72.49MB/72.49MB
822ae9fef1d8: Loading layer   64.53MB/64.53MB
7230cfe05cc1: Loading layer   3.072kB/3.072kB
8eb80f066de2: Loading layer   4.096kB/4.096kB
8032102adebe: Loading layer   3.584kB/3.584kB
f2bc472e3c11: Loading layer   139.8kB/139.8kB
01c0b86114cc: Loading layer   4.096kB/4.096kB
25823cc46012: Loading layer   140.3kB/140.3kB
Loaded image: nginx_icons:v1.0
```

2）使用 Kubernetes 管理容器化应用

在 Master 节点的/root 目录下，编写 icons-deployment.yaml 文件。

```
[root@master nginx]# cd
[root@master ~]# vi icons-deployment.yaml
# icons-deployment.yaml 文件的内容如下
```

```
apiVersion: apps/v1
kind: Deployment
metadata:
  name: nginx-icons
spec:
  selector:
    matchLabels:
      app: nginx
  replicas: 2
  template:
    metadata:
      labels:
        app: nginx
    spec:
      containers:
      - name: nginx-icons
        image: nginx_icons:v1.0
        imagePullPolicy: IfNotPresent
        ports:
        - containerPort: 80
```

运行 icons-deployment.yaml 文件。

```
[root@master ~]# kubectl apply -f icons-deployment.yaml
deployment.apps/nginx-icons created
```

查看创建的 Pod 和 Deployment。

```
[root@master ~]# kubectl get pods
NAME                          READY   STATUS    RESTARTS   AGE
nginx-icons-6857bc49bb-hwtg4  1/1     Running   0          8s
nginx-icons-6857bc49bb-jlbs7  1/1     Running   0          8s
[root@master ~]# kubectl get deployment
NAME          READY   UP-TO-DATE   AVAILABLE   AGE
nginx-icons   2/2     2            2           13s
```

部署完 Deployment 之后，需要使用 Service 发现，Nginx 应用才能被访问。在/root 目录下编写 icons-service.yaml 文件。

```
[root@master ~]# vi icons-service.yaml
# icons-service.yaml 文件的内容如下
apiVersion: v1
kind: Service
metadata:
  name: nginxicons-service
spec:
  selector:
    app: nginx
```

```
ports:
- port: 80
  protocol: TCP
  nodePort: 32023
type: NodePort
```

执行 icons-service.yaml 文件。

```
[root@master ~]# kubectl apply -f icons-service.yaml
service/nginxicons-service created
```

查看创建的 Service。

```
[root@master ~]# kubectl get Service
NAME                    TYPE        CLUSTER-IP      EXTERNAL-IP    PORT(S)        AGE
kubernetes              ClusterIP   10.96.0.1       <none>         443/TCP        146m
nginxicons-service      NodePort    10.104.84.109   <none>         80:32023/TCP   28s
```

通过浏览器可以查看 Nginx 图标库首页，如图 1-40 所示。

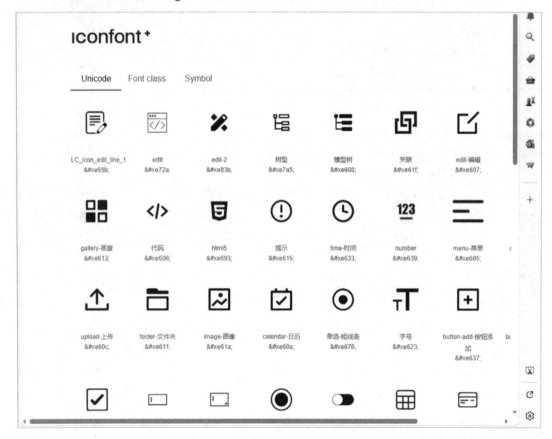

图 1-40　Nginx 图标库首页

通过学习本任务，读者可以了解并掌握使用容器平台制作私有化镜像、使用 Kubernetes 编排和部署容器化应用的方法。通过这种方法，读者可以快速部署定制的容器化应用，使用 Kubernetes 能保证容器按照用户期望的状态运行。

项目小结

本项目主要介绍了 Kubernetes 架构、Kubernetes 的功能和 Kubernetes 的原理，并通过任务重点介绍了如何安装银河麒麟服务器操作系统、如何安装和配置 Kubernetes 集群，以及如何使用 Kubernetes 管理容器化应用。通过学习本项目，相信读者已基本了解了 Kubernetes，并已具备使用 Kubernetes 管理容器化应用的能力。

在实际工作中，读者可以运用所学知识管理容器化应用，以提高容器化应用的可靠性和可扩展性。同时，读者也应继续深入学习和探索，了解 Kubernetes 的高级特性和探索最佳实践，以不断提升自己在云原生技术领域的能力。Kubernetes 作为目前流行的容器编排平台，具有广泛的应用和发展前景，掌握它将有利于管理容器化应用。

课后练习

1．（单选题）Kubernetes 是一种用于管理和编排（   ）的平台。
    A．虚拟机应用
    B．容器化应用
    C．物理机应用
    D．桌面应用

2．（单选题）Kubernetes 的 Master 节点负责（   ）。
    A．运行容器化应用
    B．存储数据
    C．管理和控制 Kubernetes 集群
    D．提供网络服务

3．（多选题）Kubernetes 的功能包括（   ）。
    A．容器自动部署
    B．弹性伸缩
    C．负载均衡
    D．容器镜像管理

4．（判断题）银河麒麟服务器操作系统是一种专门为 Kubernetes 设计的操作系统。
（   ）

实训练习

1．使用 VMware Workstation 创建两台虚拟机，分别作为 Master 节点和 Worker 节点，自行配置节点的规格，并安装银河麒麟服务器操作系统，将其作为实操环境，完成 Kubernetes 集群的部署。

2．基于部署好的 Kubernetes 集群，使用 Dockerfile 完成私有镜像的构建，并完成图标库应用的部署和发布。

项目 2

KubeVirt 虚拟化

项目描述

随着容器虚拟化技术的飞速进步，KubeVirt 已经成为云原生虚拟化技术的标准。本章将深入介绍 KubeVirt，这是一个在 Kubernetes 平台上运行虚拟机工作负载的开源项目。对于那些仍在维护传统虚拟机工作负载的组织来说，将这些工作负载迁移到容器环境中可能会面临一些挑战。这时，KubeVirt 应运而生，旨在桥接这一差距。KubeVirt 提供了一个平滑过渡的路径，使得虚拟机可以在 Kubernetes 生态环境中得到无缝集成和管理。

本章的内容将从介绍 KubeVirt 的基础知识出发，逐步深入介绍其架构设计和核心组件，旨在让读者全面理解 KubeVirt。之后，将探讨如何在 Kubernetes 集群中部署和管理虚拟机，包括如何定义虚拟机、如何配置存储解决方案，以及如何设置网络连接。特别地，本章还将讨论 KubeVirt 如何与 Kubernetes 的其他特性和服务相集成，以更高效、灵活地管理虚拟机。

1. 知识目标

（1）理解什么是 KubeVirt、为什么使用 KubeVirt，以及 KubeVirt 架构。

（2）掌握虚拟机实例与生命周期。

（3）掌握虚拟机运行策略与存储。

（4）了解虚拟机的网络与接口。

2. 能力目标

（1）能够成功部署并配置 KubeVirt。

（2）能够熟练管理虚拟机，包括监控和故障排除。

（3）能够有效监控、调试和解决 KubeVirt 存在的问题。

3. 素养目标

（1）具备理解并运用科学的方法分析和解决专业领域问题的能力。

（2）具备实际动手操作与团队合作的能力。

任务分解

本项目旨在让读者学习基于 KubeVirt 创建虚拟机的基础知识，深入了解如何管理虚拟机实例与生命周期，最终覆盖虚拟机运行策略和存储解决方案。本项目通过这种分步骤的教学方法，旨在帮助读者逐步深入理解 Kubernetes 中的虚拟化技术。任务分解如表 2-1 所示。

表 2-1　任务分解

任务名称	任务目标	任务学时
任务 2.1 基于 KubeVirt 创建虚拟机	能够在 KubeVirt 上成功创建虚拟机	3
任务 2.2 管理虚拟机实例与生命周期	能够管理虚拟机实例与生命周期	3
任务 2.3 管理虚拟机运行策略与存储	能够管理虚拟机运行策略与存储	3
任务 2.4 管理虚拟机网络与接口	能够管理虚拟机网络与接口	3
总计		12

知识准备

1．KubeVirt 简介

1）什么是 KubeVirt

Kubevirt 是 Red Hat 开源的以容器方式运行虚拟机的项目，以 k8s add-on 方式，利用自定义资源定义（CRD）增加资源类型虚拟机实例，使用容器的 Image Registry 创建虚拟机，并管理虚拟机生命周期。利用自定义资源定义的方式是因为 KubeVirt 对虚拟机的管理虽然不局限于 Pod 管理接口，但是无法使用 Pod 的管理能力，这也意味着，KubeVirt 如果想利用 Pod 的管理能力，那么就需要自主实现。目前，KubeVirt 支持的 Runtime 是 Docker 和 runV。

以下是一些关键概念。

（1）自定义资源（Custom Resource，CR）：KubeVirt 使用自定义资源描述虚拟机定义。用户可以通过创建自定义资源，定义虚拟机的规格、网络配置和其他属性。

（2）虚拟机实例（Virtual Machine Instance，VMI）：实际运行的虚拟机单元。每个虚拟机实例对应一个具体的虚拟机。

2）为什么使用 KubeVirt

KubeVirt 可以满足已采用或想要采用 Kubernetes 的开发团队的需求，但开发团队拥有现有的基于虚拟机的工作负载，无法轻松地对 KubeVirt 进行容器化。更具体地说，KubeVirt 提供了一个统一的开发平台，开发人员可以在该平台上构建、修改和部署驻留在公共环境中的容器和虚拟机中的应用。

使用 KubeVirt 的好处是广泛而重大的。依赖现有基于虚拟机的工作负载的开发团队有权快速将应用容器化。通过将虚拟化工作负载直接放到开发工作流中，依赖现有基于虚拟机的工作负载的开发团队可以随时间分解它们，同时可以按需使用剩余的虚拟化组件。

3）KubeVirt 架构

KubeVirt 架构如图 2-1 所示。

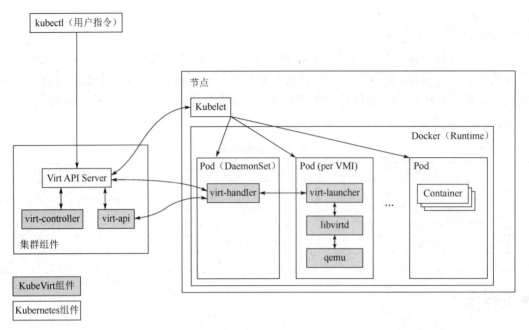

图 2-1　KubeVirt 架构

可以看出，Kubevirt 架构由 4 个部分组件组成，KubeVirt 创建虚拟机的核心就是创建一个特殊的 Pod 中的 virt-launcher，其中的子进程包括 libvirtd 和 qemu。做过 OpenStack Nova 项目的读者应该比较习惯在一台宿主机中运行一个 libvirtd 进程，KubeVirt 采用每个 Pod 中的一个 libvirtd 进程为去中心化的模式，可以避免因 libvirtd 服务异常而使所有虚拟机无法管理的情况出现。

Virt API Server：负责处理用户通过 Kubernetes API Server 提交的虚拟机定义。它将虚拟机定义转换为 Kubernetes 对象，交由 virt-controller 处理。

virt-controller：监控集群中的虚拟机定义，负责创建、更新和删除虚拟机实例。它与 Kubernetes 调度器协同工作，将虚拟机实例分配到合适的节点上。

virt-handler：运行于每个节点上，负责实际的虚拟机生命周期的管理。它通过 Libvirt 与底层的虚拟化平台通信，创建、启动、停止和删除虚拟机。

2．虚拟机实例与生命周期详解

1）虚拟机实例的创建

（1）定义虚拟机配置：用户首先定义虚拟机配置，包括虚拟机的名称、CPU 和内存的分配、网络的设置、存储卷的挂载等。这个定义描述了虚拟机的规格和期望状态。

（2）提交虚拟机配置：用户将虚拟机配置提交给 KubeVirt，可以通过 KubeVirt 提供的 API 或其他工具完成。这个过程触发 KubeVirt 将虚拟机的定义注册到 Kubernetes API Server 中。

2）虚拟机生命周期管理的主要状态

（1）创建：创建虚拟机对象，并同步创建 dataVolume/PersistentVolumeClaim，通过调度、分配 IP 地址，生成虚拟机实例，以及管理虚拟机的 Launcher Pod。

（2）运行：运行状态下的虚拟机可以进行控制台管理、快照管理、热迁移、磁盘热挂载/删除等操作。此外，还可以进行重启、下电操作，这样可以在提高虚拟机安全性的同时解决业务存储空间不足和主机 Hung 异常等问题。

（3）关机：关机状态下的虚拟机可以进行快照管理、规格变更、冷迁移、主机重命名、磁盘挂载等操作。此外，可以通过重启进入运行状态，也可以通过删除进行资源回收。

（4）删除：对虚拟机资源进行回收，但虚拟机所属的磁盘数据仍将被保留，且具备恢复条件。

3）虚拟机生命周期的各个阶段

（1）创建阶段：提交虚拟机定义后，KubeVirt 会验证虚拟机配置的合法性，并根据底层虚拟化平台的要求创建虚拟机对象。这包括创建虚拟机进程、初始化虚拟机硬件等操作。

（2）启动阶段：用户可以通过 KubeVirt 提供的 API 或其他工具启动虚拟机实例。在这个阶段，虚拟机的资源被分配，虚拟机的操作系统被启动，开始执行用户定义的工作负载。

（3）运行阶段：虚拟机处于正常运行状态，执行用户定义的应用或服务。KubeVirt 持续监控虚拟机的状态，并确保与 Kubernetes API Server 的同步。

（4）停止阶段：停止操作会导致虚拟机从运行状态变为停止状态，但虚拟机定义和配置仍然被保留。

（5）暂停和恢复阶段：在运行状态下，用户可以选择暂停运行虚拟机，将其状态保存在磁盘上。随后，用户可以选择恢复运行虚拟机，使其从保存状态恢复到运行状态。

（6）销毁阶段：当用户不再需要虚拟机实例时，可以删除虚拟机对象。这将触发 KubeVirt 释放虚拟机实例占用的资源，包括虚拟机进程、网络配置和存储卷等。

KubeVirt 创建流程如图 2-2 所示。

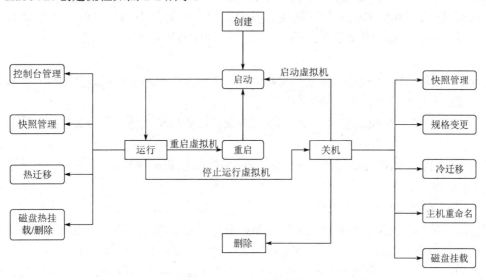

图 2-2　Kubevirt 创建流程

3．虚拟机运行策略与存储

1）虚拟机运行策略

（1）调度策略：KubeVirt 允许用户通过 Label、Label Selector 等指定虚拟机所在的

Kubernetes 节点。这使得用户能够将虚拟机实例合理地分布在集群中，以满足业务需求或资源约束。

（2）资源限制策略：在虚拟机定义中，用户可以指定虚拟机的 CPU 和内存分配情况。KubeVirt 通过与 Kubernetes 集群的资源管理集成，确保虚拟机被分配到合适的资源，防止出现资源争用和性能问题。

（3）网络策略：用户可以定义虚拟机网络连接的相关信息，包括网络名称、连接类型等。这使得用户能够灵活地配置虚拟机网络环境，与其他服务和应用进行通信。

2）存储管理

（1）存储卷映射：KubeVirt 允许用户将持久化的存储卷映射到虚拟机中，实现对虚拟机数据的高效管理和持久化存储。这为虚拟机提供了与物理机相似的存储访问方式。

（2）磁盘管理：用户可以定义虚拟机中的磁盘配置，包括磁盘的类型、大小、挂载点等。这使得用户能够有效地管理虚拟机的存储资源。

3）KubeVirt 支持的卷类型

cloudInitConfigDrive：通过给虚拟机挂载一个文件系统，给 cloud-init 提供 meta-data 和 user-data。

cloudInitNoCloud：通过给虚拟机挂载一个文件系统，给 cloud-init 提供 meta-data 和 user-data，生成的文件格式与 ConfigDrive 生成的文件格式不同。

containerDisk：指定一个包含 QCOW2 或 RAW 格式的 Docker 镜像，重启虚拟机时会丢失数据。

dataVolume：动态创建一个 PersistentVolumeClaim，并用指定的磁盘镜像填充该 PersistentVolumeClaim，重启虚拟机时不会丢失数据。

emptyDisk：从宿主机上分配固定容量的空间，映射到虚拟机中的一块磁盘上，与 emptyDir 一样。emptyDisk 的生命周期与虚拟机的生命周期相同，重启虚拟机时会丢失数据。

ephemeral：启动虚拟机时创建一个临时卷，关闭虚拟机后自动销毁该临时卷。临时卷在不需要磁盘持久性的任何情况下都很有用。

hostDisk：在宿主机上创建一个 IMG 镜像文件给虚拟机使用。重启虚拟机时不会丢失数据。

PersistentVolumeClaim：指定一个 PersistentVolumeClaim 创建一个块设备。重启虚拟机时不会丢失数据。

Secret：存储和管理一些敏感数据，如密码、token、密钥等，并把这些敏感数据注入虚拟机。这些敏感数据虽然能被动态更新到 Pod 中，但是不能修改 Pod 中生成的 ISO 文件，更不能被更新到虚拟机中。要想将这些敏感数据更新到虚拟机中，需要重启虚拟机。

ConfigMap：功能类似于 Secret 的功能，把 ConfigMap 中的数据写入 ISO 磁盘，挂载给虚拟机。

ServiceAccount：功能类似于 Secret 的功能，把 ServiceAccount 中的数据写入 ISO 磁盘，挂载给虚拟机。

sysprep：以 Secret 或 ConfigMap 的形式，被写入虚拟机。

4）containerDisk 简介

KubeVirt 可以使用 containerDisk 类型的磁盘，containerDisk 提供了一种以 Registry 存储和分发虚拟机镜像的方案，可以使用这种方式制作并上传镜像，如图 2-3 所示。

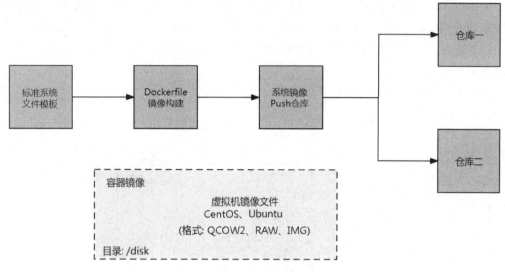

图 2-3　container 镜像

虚拟机镜像采用容器镜像形式被存放到 Registry 中。将 Linux 发行版的虚拟机镜像文件存放到基础镜像的/disk/目录下，支持的格式包括 QCOW2、RAW、IMG。通过 Dockerfile 将虚拟机镜像制作成容器镜像，并分别推送到不同的 Registry 中。用户在创建虚拟机时，根据配置的优先级策略拉取 Registry 中的容器镜像。

4．虚拟机网络与接口

1）KubeVirt 网络的概念

KubeVirt 网络是集中在虚拟机与 Pod 网络的整合。用户可以定义 KubeVirt 的网络资源，用于配置虚拟机网络的属性，如连接到的 Pod 网络。

2）KubeVirt 网络运行的核心技术

KubeVirt 通过在 Kubernetes 集群中运行虚拟机实例，实现虚拟机与 Pod 网络的深度集成。以下是 KubeVirt 网络运行的核心技术。

（1）Pod 网络直通：KubeVirt 的关键设计之一是将虚拟机网络直接映射到 Pod 网络中。虚拟机实例的 IP 地址即其所在 Pod 的 IP 地址，这使得虚拟机可以直接与 Pod 进行通信，无须经过额外的网络地址转换或路由配置。

（2）Network 资源定义：用户可以通过定义 Network 资源来配置虚拟机网络的属性。这些属性包括虚拟机连接到的 Pod 网络、网络策略等。通过 Network 资源，用户能够灵活地定制虚拟机网络环境。

（3）Pod 和虚拟机通信：由于虚拟机的 IP 地址直接映射到 Pod 网络，因此虚拟机与 Pod 之间可以通过 Pod 的 IP 地址直接通信。这种直接通信方式降低了网络延迟，提高了虚拟机与容器之间的通信效率。

（4）网络插件：在 virt-handler 内部，使用网络插件实现虚拟机与 Pod 网络的连接。这些网络插件可能是 CNI（Container Network Interface）插件，用于创建虚拟机网络接口，并确保虚拟机能够无缝融入 Kubernetes 网络。

整体而言，KubeVirt 网络的运行原理强调了虚拟机与容器之间的紧密集成，通过直接映射到 Pod 网络、灵活的 Network 资源定义和底层网络插件中，实现了容器与虚拟机的无缝通信和共存，这为用户提供了在 Kubernetes 中同时运行容器和虚拟机的灵活性。网络通信流程如图 2-4 所示。

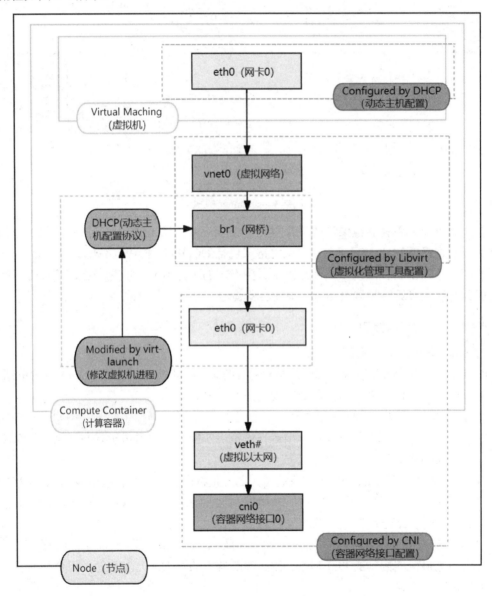

图 2-4　网络通信流程

将虚拟机连接到网络，包括两个步骤。首先，在 spec.networks 中指定网络。其次，在 spec.domain.devices.interfaces 中指定网络支持的接口，并将其添加到虚拟机中。

每个接口对应的网络名称必须相同，接口定义了虚拟机（也称前端）的虚拟网络接口。网络指定了接口的后端，并声明了将它连接到哪个逻辑或物理设备（也称后端）上。

虚拟机支持两种网络类型：Kubernetes 默认的 Pod 网络和 Multus 网络。

3）Multus 网络概述

Multus（Multi-network）是一个用于 Kubernetes 的 CNI 插件，允许容器同时连接到多个网络。Multus 的核心概念包括 NAD（NetworkAttachmentDefinition）和 Delegates。Multus 的核心概念如下。

NAD：定义了附加到 Pod 的网络。每个 NAD 都描述一个独立的网络，用于指定相关的 CNI 插件。

Delegates：用于将网络定义委托给特定的 CNI 插件进行处理。每个 Delegates 都关联一个 CNI 插件，用于实际的网络配置。

4）Multus 网络的核心组件

Multus 网络允许在同一 Pod 中运行多个容器，并将多个容器连接到不同的网络中。Multus 网络的核心组件如下。

Kubelet/Multus DaemonSet：部署在每个节点上，负责调用 CNI 插件，并将 Pod 连接到指定的网络中。

Multus CNI 插件：解析 NAD，调用相关联的 Delegates，生成 Pod 网络配置。

Delegates：实际的 CNI 插件，负责为 Pod 提供网络。

5）Multus 的工作流程

Multus 的工作流程如下。

（1）创建 Pod：Kubelet 创建 Pod 并通过 CNI 插件触发网络配置。

（2）介入 Multus：Multus 检测到 Pod 中有一个或多个 NAD，从而介入 CNI 插件调用。

（3）调用 Delegates：Multus 为每个 NAD 都调用相关联的 Delegates，生成相应的网络配置。

（4）网络配置合并：Multus 将所有 Delegates 生成的网络配置合并为 Pod 最终的网络配置。

（5）Pod 连接多个网络：Pod 中的容器可以与多个网络连接，并通过各自的 Delegates 进行配置。

任务 2.1　基于 KubeVirt 创建虚拟机

1．任务描述

本任务旨在帮助读者快速掌握如何在 Kubernetes 集群中利用 KubeVirt 创建虚拟机实例。本任务的内容涵盖定义虚拟机配置、KubeVirt API 的使用及实际的虚拟机创建过程。通过学习定义虚拟机配置的相关知识，读者将深入了解各个配置的含义。虚拟机配置包括虚拟机的资源配置、网络配置、存储卷的挂载等关键参数。通过学习本任务，读者将能够根据具体需求调整虚拟机配置，以满足不同应用场景的需求。

2．任务分析

1）规划节点

使用银河麒麟服务器操作系统规划节点，如表 2-2 所示。

表 2-2　规划节点

IP 地址	主机名	节点
192.168.111.10	Master	Kylin 服务器控制节点
192.168.111.11	Worker	Kylin 服务器工作节点

2）基础准备

使用本地 PC 环境下的 VMWare Workstation 进行实操练习，使用 Kylin-Server-10-SP2-Release-Build09-20210524-x86_64.iso 镜像文件，将主机类型设置为 4vcpu、8GB 内存、100GB 磁盘；使用 NAT 网络模式，将 Master 节点的 IP 地址设置为 192.168.111.10，将 Worker 节点的 IP 地址设置为 192.168.111.11，将网关的 IP 地址设置为 192.168.111.254，将主机密码设置为 Kylin2023，自行为虚拟机配置 IP 地址，并完成 Kubernetes 集群的部署。

连接虚拟机后，需要将所需的软件包 Kylin-KubeVirt.tar.gz 上传到服务器中。

3．任务实施

（1）使用 tar 命令将对应的软件包 Kylin-KubeVirt.tar.gz 解压缩出来。

```
[root@master ~]# tar xzf Kylin-KubeVirt.tar.gz
```

解压缩后，查看对应的目录文件。

```
[root@master ~]# ls Kylin-KubeVirt
images  kubevirt.tar  manifests  tools
```

（2）导入所需的容器镜像，两个节点都需要导入。

```
[root@master ~]# cd Kylin-KubeVirt
[root@master Kylin-KubeVirt]# docker load -i images/images.tar
bdd4b5a4d160: Loading layer [=====================>]   178.2MB/178.2MB
7ecb15891aeb: Loading layer [=====================>]   122.1MB/122.1MB
Loaded image: quay.io/kubevirt/cdi-operator:v1.46.0
42bc9a34ae0b: Loading layer [=====================>]   59.97MB/59.97MB
Loaded image: quay.io/kubevirt/cdi-controller:v1.46.0
174f56854903: Loading layer [=====================>]   211.7MB/211.7MB
320086c53a6d: Loading layer [=====================>]   83.86MB/83.86MB
4e6ad9f7b897: Loading layer [=====================>]   14.85kB/14.85kB
845c71aeb57a: Loading layer [=====================>]   17.41kB/17.41kB
Loaded image: ghcr.io/k8snetworkplumbingwg/multus-cni:stable
2e1d40257896: Loading layer [=====================>]   30.15MB/30.15MB
ff2421d057be: Loading layer [=====================>]     171MB/171MB
Loaded image: quay.io/kubevirt/cdi-importer:v1.46.0
95cd20167482: Loading layer [=====================>]   62.61MB/62.61MB
Loaded image: quay.io/kubevirt/cdi-apiserver:v1.46.0
36bd4973e87e: Loading layer [=====================>]   56.18MB/56.18MB
```

```
Loaded image: quay.io/kubevirt/cdi-uploadproxy:v1.46.0
f89ea332f485: Loading layer [=====================>]  302.8MB/302.8MB
Loaded image: fedora-virt:v1.0
cf456be3e1d3: Loading layer [=====================>]  508.2MB/508.2MB
Loaded image: centos7.5-virt:v1.0
1d85d2394ec8: Loading layer [=====================>]  118.7MB/118.7MB
513a3c3c7cfe: Loading layer [=====================>]  49.37MB/49.37MB
Loaded image: quay.io/kubevirt/hostpath-provisioner:latest
[root@master Kylin-KubeVirt]# docker load -i kubevirt.tar
Loaded image: quay.io/kubevirt/virt-api:v0.58.0
Loaded image: quay.io/kubevirt/virt-controller:v0.58.0
Loaded image: quay.io/kubevirt/virt-handler:v0.58.0
Loaded image: quay.io/kubevirt/virt-launcher:v0.58.0
Loaded image: quay.io/kubevirt/virt-operator:v0.58.0
```

将容器镜像文件传输到工作节点上，并进行导入操作。

```
[root@master Kylin-KubeVirt]# scp images/images.tar worker:~
The authenticity of host 'worker (192.168.111.11)' can't be established.
ECDSA key fingerprint is SHA256:WkLArErQ6Co7I4EoaihC9Dh20qlIBp0bAW5JGSD4fpU.
Are you sure you want to continue connecting (yes/no/[fingerprint])? yes
Warning: Permanently added 'worker' (ECDSA) to the list of known hosts.

Authorized users only. All activities may be monitored and reported.
images.tar
100% 1864MB   54.2MB/s   00:34

[root@master Kylin-KubeVirt]# scp kubevirt.tar worker:~
Authorized users only. All activities may be monitored and reported.
kubevirt.tar
100% 1028MB   75.5MB/s   00:13
```

登录计算节点，执行导入命令。

```
[root@worker ~]# docker load -i images.tar
bdd4b5a4d160: Loading layer [=====================>]  178.2MB/178.2MB
7ecb15891aeb: Loading layer [=====================>]  122.1MB/122.1MB
Loaded image: quay.io/kubevirt/cdi-operator:v1.46.0
42bc9a34ae0b: Loading layer [=====================>]  59.97MB/59.97MB
Loaded image: quay.io/kubevirt/cdi-controller:v1.46.0
174f56854903: Loading layer [=====================>]  211.7MB/211.7MB
320086c53a6d: Loading layer [=====================>]  83.86MB/83.86MB
4e6ad9f7b897: Loading layer [=====================>]  14.85kB/14.85kB
845c71aeb57a: Loading layer [=====================>]  17.41kB/17.41kB
Loaded image: ghcr.io/k8snetworkplumbingwg/multus-cni:stable
2e1d40257896: Loading layer [=====================>]  30.15MB/30.15MB
ff2421d057be: Loading layer [=====================>]   171MB/171MB
```

```
Loaded image: quay.io/kubevirt/cdi-importer:v1.46.0
95cd20167482: Loading layer [============================>]   62.61MB/62.61MB
Loaded image: quay.io/kubevirt/cdi-apiserver:v1.46.0
36bd4973e87e: Loading layer [============================>]   56.18MB/56.18MB
Loaded image: quay.io/kubevirt/cdi-uploadproxy:v1.46.0
f89ea332f485: Loading layer [============================>]   302.8MB/302.8MB
Loaded image: fedora-virt:v1.0
cf456be3e1d3: Loading layer [============================>]   508.2MB/508.2MB
Loaded image: centos7.5-virt:v1.0
1d85d2394ec8: Loading layer [============================>]   118.7MB/118.7MB
513a3c3c7cfe: Loading layer [============================>]   49.37MB/49.37MB
Loaded image: quay.io/kubevirt/hostpath-provisioner:latest
[root@worker ~]# docker load -i kubevirt.tar
Loaded image: quay.io/kubevirt/virt-api:v0.58.0
Loaded image: quay.io/kubevirt/virt-controller:v0.58.0
Loaded image: quay.io/kubevirt/virt-handler:v0.58.0
Loaded image: quay.io/kubevirt/virt-launcher:v0.58.0
Loaded image: quay.io/kubevirt/virt-operator:v0.58.0
```

（3）安装 KubeVirt 的配置文件，通过对应的 YAML 文件部署。

```
[root@master Kylin-KubeVirt]# kubectl apply -f manifests/kubevirt-operator.yaml
namespace/kubevirt created
customresourcedefinition.apiextensions.k8s.io/kubevirts.kubevirt.io created
priorityclass.scheduling.k8s.io/kubevirt-cluster-critical created
clusterrole.rbac.authorization.k8s.io/kubevirt.io:operator created
serviceaccount/kubevirt-operator created
role.rbac.authorization.k8s.io/kubevirt-operator created
rolebinding.rbac.authorization.k8s.io/kubevirt-operator-rolebinding created
clusterrole.rbac.authorization.k8s.io/kubevirt-operator created
clusterrolebinding.rbac.authorization.k8s.io/kubevirt-operator created
deployment.apps/virt-operator created
[root@master Kylin-KubeVirt]# kubectl apply -f manifests/kubevirt-cr.yaml
kubevirt.kubevirt.io/kubevirt created
```

（4）等待一会儿后，通过命令查询对应的 KubeVirt 资源的状态是否正常。

```
[root@master Kylin-KubeVirt]#   kubectl get pods -n kubevirt
```

NAME	READY	STATUS	RESTARTS	AGE
virt-api-5474cf649d-8k27h	1/1	Running	0	2m12s
virt-api-5474cf649d-kdh2t	1/1	Running	0	2m12s
virt-controller-7f8ff6cdc4-4b7zd	1/1	Running	0	107s
virt-controller-7f8ff6cdc4-k4p22	1/1	Running	0	107s
virt-handler-68fq7	1/1	Running	0	107s
virt-operator-55989d567c-hvxzn	1/1	Running	0	24m
virt-operator-55989d567c-rb4xj	1/1	Running	0	24m

（5）安装 KubeVirt 命令行工具。

```
[root@master Kylin-KubeVirt]# cp tools/virtctl-v0.56.0-linux-amd64 /usr/bin/virtctl
[root@master Kylin-KubeVirt]# chmod +x /usr/bin/virtctl
[root@master Kylin-KubeVirt]# virtctl version
Client Version: version.Info{GitVersion:"v0.56.0",
GitCommit:"b1dbd1bccc882282690331ca84e97ddf83555611", GitTreeState:"clean", BuildDate:"2022-08-
18T20:19:27Z", GoVersion:"go1.17.8", Compiler:"gc", Platform:"linux/amd64"}
Server Version: version.Info{GitVersion:"v0.58.0",
GitCommit:"6e41ae7787c1b48ac9a633c61a54444ea947242c", GitTreeState:"clean", BuildDate:"2022-10-
13T00:33:22Z", GoVersion:"go1.17.8", Compiler:"gc", Platform:"linux/amd64"}
```

（6）编写虚拟机资源清单文件。

```
[root@master Kylin-KubeVirt]# vi vm.yaml
apiVersion: kubevirt.io/v1
kind: VirtualMachineInstance
metadata:
  labels:
    special: vmi-fedora
  name: vmi-fedora
spec:
  domain:
    devices:
      disks:
      - disk:
          bus: virtio
        name: containerdisk
      - name: emptydisk
        disk:
          bus: virtio
      - disk:
          bus: virtio
        name: cloudinitdisk
    resources:
      requests:
        memory: 1024M
  terminationGracePeriodSeconds: 0
  volumes:
  - containerDisk:
      image: fedora-virt:v1.0
    name: containerdisk
  - name: emptydisk
    emptyDisk:
      capacity: 2Gi
  - cloudInitNoCloud:
      userData: |-
```

```
        #cloud-config
        password: fedora
        chpasswd: { expire: False }
  name: cloudinitdisk
```

配置文件解析。

```
apiVersion: kubevirt.io/v1          # 指定虚拟机实例的 API 版本
kind: VirtualMachineInstance        # 定义资源类型为虚拟机实例
metadata:
  labels:
    special: vmi-fedora             # 标识虚拟机实例的 Label 信息
    name: vmi-fedora                # 虚拟机实例的名称为 vmi-fedora
spec:
  domain:
    devices:
      disks:
        - disk:
            bus: virtio
          name: containerdisk       # 虚拟机磁盘的名称为 containerdisk
        - name: emptydisk           # 空磁盘的名称为 emptydisk
          disk:
            bus: virtio
        - disk:
            bus: virtio
          name: cloudinitdisk       # 云初始化磁盘的名称为 cloudinitdisk
    resources:
      requests:
        memory: 1024M               # 分配给虚拟机实例的内存为 1024MB
    terminationGracePeriodSeconds: 0  # 终止期限的宽限秒数为 0
  volumes:
    - containerDisk:                # 定义容器磁盘
        image: fedora-virt:v1.0     # 容器磁盘使用的镜像为 fedora-virt:v1.0
      name: containerdisk           # 卷的名称为 containerdisk
    - name: emptydisk               # 空磁盘的名称为 emptydisk
      emptyDisk:
        capacity: 2Gi
    - cloudInitNoCloud:             # 使用 cloud-init 进行云初始化
        userData: |-                # 云初始化用户数据，将默认密码设置为 fedora
          #cloud-config
          password: fedora
          chpasswd: { expire: False }
      name: cloudinitdisk           # 云初始化磁盘的名称为 cloudinitdisk
```

（7）运行并检查虚拟机的运行状态及相关信息。

通过 YAML 文件启动虚拟机。

```
[root@master Kylin-KubeVirt]# kubectl apply -f vm.yaml
kvirtualmachineinstance.kubevirt.io/vmi-fedora created
```

通过命令检查虚拟机是否正在运行。

```
[root@master Kylin-KubeVirt]# kubectl get vms
NAME        AGE      STATUS     READY
vm-fedora   8m31s    Stopped    False
```

使用命令登录虚拟机并查看磁盘信息。

```
[root@master Kylin-KubeVirt]# virtctl console vmi-fedora
Successfully connected to vmi-fedora console. The escape sequence is ^]


vmi-fedora login: fedora
Password:
[fedora@vmi-fedora ~]$ lsblk
NAME      MAJ:MIN RM SIZE RO TYPE MOUNTPOINT
vda       252:0    0   4G  0 disk
└─vda1    252:1    0   4G  0 part /
vdb       252:16   0   2G  0 disk
vdc       252:32   0   1M  0 disk
```

可以看到，虚拟机实例中挂载了一块磁盘，其大小为 2GB，说明 emptyDisk 创建成功。按组合键 Ctrl + \]，即可退出控制台。

任务 2.2　管理虚拟机实例与生命周期

1．任务描述

本任务旨在帮助学生掌握如何管理虚拟机实例与生命周期。在创建阶段，本任务的内容包括虚拟机对象的创建，同时包括关联的 dataVolume/PersistentVolumeClaim 的创建以确保持久性存储。进入运行阶段，本任务的内容包括控制台管理操作，及重启和下电操作，通过进行这些操作可以解决相关业务需求。通过学习本任务，读者将具备在 KubeVirt 中高效管理虚拟机实例与生命周期的实际技能。

2．任务分析

1）规划节点

使用银河麒麟服务器操作系统规划节点，如表 2-3 所示。

表 2-3　规划节点

IP 地址	主机名	节点
192.168.111.10	Master	Kylin 服务器控制节点
192.168.111.11	Worker	Kylin 服务器工作节点

2）基础准备

使用本地 PC 环境下的 VMWare Workstation 进行实操练习，使用 Kylin-Server-10-SP2-

Release-Build09-20210524-x86_64.iso 镜像文件，将主机类型设置为 4vcpu、8GB 内存、100GB 磁盘；使用 NAT 网络模式，将 Master 节点的 IP 地址设置为 192.168.111.10，将 Worker 节点的 IP 地址设置为 192.168.111.11，将网关的 IP 地址设置为 192.168.111.254，将主机密码设置为 Kylin2023，自行为虚拟机配置 IP 地址，并完成 Kubernetes 集群的部署。

3. 任务实施

本任务首先通过配置文件创建了一个名为 vm-fedora 的虚拟机，并设置初始状态为停止；其次启动虚拟机，观察到虚拟机成功运行后，通过暂停操作验证虚拟机的暂停状态；最后取消暂停状态，使虚拟机恢复到运行状态。整个过程演示了在 KubeVirt 中管理虚拟机的基本操作。

1）启动虚拟机

新增 vm-fedora.yaml 文件，将相关的虚拟机配置写入该文件。

```
[root@master Kylin-KubeVirt]# vi vm-fedora.yaml
apiVersion: kubevirt.io/v1
kind: VirtualMachine
metadata:
  labels:
    kubevirt.io/vm: vm-fedora
  name: vm-fedora
spec:
  running: false
  template:
    metadata:
      labels:
        kubevirt.io/vm: vm-fedora
    spec:
      domain:
        resources:
          requests:
            memory: 1Gi
        devices:
          disks:
          - name: containerdisk
            disk:
              bus: virtio
      volumes:
      - name: containerdisk
        containerDisk:
          image: fedora-virt:v1.0
          imagePullPolicy: IfNotPresent
```

通过 vm-fedora.yaml 文件创建虚拟机。

```
[root@master Kylin-KubeVirt]# kubectl apply -f vm-fedora.yaml
virtualmachine.kubevirt.io/vm-fedora created
```

使用 kubectl 命令查看当前集群中的虚拟机。

```
[root@master Kylin-KubeVirt]# kubectl get vms
NAME            AGE     STATUS      READY
vm-fedora       3s      Stopped     False
```

可以看到，虚拟机的状态默认是停止，这是因为上方的配置文件中运行状态配置对应的 False，这样即使在 Kubernetes 中创建了对应的资源，虚拟机本身也是不会被启动的。

```
[root@master Kylin-KubeVirt]# virtctl start vm-fedora
VM vm-fedora was scheduled to start
[root@master Kylin-KubeVirt]# kubectl get vm
NAME            AGE     STATUS      READY
vm-fedora       6m8s    Running     True
```

此时可以看到，虚拟机的状态变为了运行，也就是虚拟机已经启动了。

```
[root@master Kylin-KubeVirt]# kubectl get vmi
NAME            AGE     PHASE       IP              NODENAME    READY
vm-fedora       2m17s   Running     10.244.1.16     worker      True
vmi-fedora      97m     Running     10.244.1.15     worker      True
```

2）暂停和取消暂停运行虚拟机

通过 virtctl 命令使用 pause 选项暂停运行虚拟机。

```
[root@master Kylin-KubeVirt]# virtctl pause vm vm-fedora
VMI vm-fedora was scheduled to pause
```

使用 kubectl 命令查看暂停后的虚拟机的状态。

```
[root@master Kylin-KubeVirt]# kubectl get vm vm-fedora -
o=jsonpath='{.status.conditions[?(@.type=="Paused")].message}'
VMI was paused by user
[root@master Kylin-KubeVirt]# kubectl get vmi
NAME            AGE     PHASE       IP              NODENAME    READY
vm-fedora       10m     Running     10.244.1.16     worker      False
vmi-fedora      105m    Running     10.244.1.15     worker      True
```

查询后可以发现，虽然虚拟机的状态是运行，但是准备列变成了 False。

使用 unpause 选项取消暂停运行虚拟机。

```
[root@master Kylin-KubeVirt]# virtctl unpause vm vm-fedora
VMI vm-fedora was scheduled to unpause
```

也可以使用 kubectl 命令查看虚拟机状态，会发现准备列再次变成了 False。

```
[root@master Kylin-KubeVirt]# kubectl get vmi
NAME            AGE     PHASE       IP              NODENAME    READY
vm-fedora       10m     Running     10.244.1.16     worker      True
vmi-fedora      105m    Running     10.244.1.15     worker      True
```

任务 2.3　管理虚拟机运行策略与存储

1．任务描述

本任务旨在帮助学生掌握虚拟机如何在 KubeVirt 中进行运行策略与存储管理。本任务的内容涉及虚拟机运行策略、实时监控与交互式管理、快照管理、热迁移、磁盘热挂载/删除、重启与关机、运行时资源调整、动态扩展与缩减策略，以及磁盘操作。通过学习本任务，读者将全面掌握虚拟机运行时的各种管理策略，为构建高效、灵活的云原生环境提供实际应用技能。

2．任务分析

1）规划节点

使用银河麒麟服务器操作系统规划节点，如表 2-4 所示。

表 2-4　规划节点

IP 地址	主机名	节点
192.168.111.10	Master	Kylin 服务器控制节点
192.168.111.11	Worker	Kylin 服务器工作节点

2）基础准备

使用本地 PC 环境下的 VMWare Workstation 进行实操练习，使用 Kylin-Server-10-SP2-Release-Build09-20210524-x86_64.iso 镜像文件，将主机类型设置为 4vcpu、8GB 内存、100GB 磁盘；使用 NAT 网络模式，将 Master 节点的 IP 地址设置为 192.168.111.10，将 Worker 节点的 IP 地址设置为 192.168.111.11，将网关的 IP 地址设置为 192.168.111.254，将主机密码设置为 Kylin2023，自行为虚拟机配置 IP 地址，并完成 Kubernetes 集群的部署。

3．任务实施

1）运行策略

通过预定义的配置文件创建一个名为 vm-fedora 的虚拟机，采用 Always 的运行策略，并使用 Fedora Linux 镜像。成功启动虚拟机后，观察虚拟机的创建和运行状态。随后，通过相应的工具停止运行虚拟机，验证虚拟机的停止状态。以下代码演示了虚拟机在 KubeVirt 中的创建、运行和停止操作。

```
[root@master Kylin-KubeVirt]# vi vm-fedora-always.yaml
apiVersion: kubevirt.io/v1
kind: VirtualMachine
metadata:
  labels:
    kubevirt.io/vm: vm-fedora
  name: vm-fedora
spec:
  runStrategy: Always
```

```
template:
  metadata:
    labels:
      kubevirt.io/vm: vm-fedora
  spec:
    domain:
      resources:
        requests:
          memory: 1Gi
      devices:
        disks:
        - name: containerdisk
          disk:
            bus: virtio
    volumes:
    - name: containerdisk
      containerDisk:
        image: fedora-virt:v1.0
        imagePullPolicy: IfNotPresent
[root@master Kylin-KubeVirt]# kubectl apply -f vm-fedora-always.yaml
virtualmachine.kubevirt.io/vm-fedora configured
[root@master Kylin-KubeVirt]# kubectl get vm
NAME         AGE    STATUS     READY
vm-fedora    24h    Running    True
[root@master Kylin-KubeVirt]# kubectl get vmi
NAME          AGE      PHASE      IP            NODENAME    READY
vm-fedora     3h35m    Running    10.244.1.24   worker      True
vmi-fedora    26h      Failed     10.244.1.15   worker      False
```

可以看到，虚拟机创建后的状态为运行，对应的虚拟机实例也已运行。

使用 virtctl 命令的 start 方法、stop 方法和 restart 方法会调用虚拟机的子资源，这会对虚拟机运行策略产生影响。运行策略与方法对应关系如表 2-5 所示。

表 2-5　运行策略与方法对应关系

运行策略	方法		
	start	stop	restart
Always		Halted	Always
RerunOnFailure		Halted	RerunOnFailure
Manual	Manual	Manual	Manual
Halted	Always		

使用 virtctl 命令对虚拟机执行停止操作。

```
[root@master Kylin-KubeVirt]# virtctl stop vm-fedora
VM vm-fedora was scheduled to stop
```

49

此时，虚拟机实例应该已经消失，再次查看虚拟机和虚拟机实例。

```
[root@master Kylin-KubeVirt]# kubectl get vm
NAME          AGE    STATUS     READY
vm-fedora     24h    Stopped    False
```

删除虚拟机。

```
[root@master Kylin-KubeVirt]# kubectl delete -f vm-fedora-always.yaml
virtualmachine.kubevirt.io "vm-fedora" deleted
```

2）基于 Container 镜像构建

通过 Dockerfile 将 Cirros Linux 发行版的虚拟机镜像制作成容器镜像。该镜像被存储在容器内的/disk/目录下，支持的格式包括 QCOW2、RAW 和 IMG。通过运行 docker build 命令，成功构建一个名为 cirros-test、版本为 v1.0 的容器镜像，该镜像可用于后续虚拟机的创建。

```
[root@master Kylin-KubeVirt]# vi Dockerfile
FROM scratch
ADD images/cirros-0.5.2-x86_64-disk.img /disk/
[root@master Kylin-KubeVirt]# docker build -t cirros-test:v1.0 .
Sending build context to Docker daemon   3.109GB
Step 1/2 : FROM scratch
 --->
Step 2/2 : ADD images/cirros-0.5.2-x86_64-disk.img /disk/
 ---> 7b99a27322d0
Successfully built 7b99a27322d0
Successfully tagged cirros-test:v1.0
```

从上面的结果中可以看到，镜像已经构建好了，且 Label 是 cirros-test:v1.0，接下来使用上面这个通过 IMG 镜像构建的容器镜像启动虚拟机。

将镜像保存下来，并同步到工作节点上，以确保虚拟机在被调度到任何一个节点上时都能正常运行。

```
[root@master Kylin-KubeVirt]# docker save -o cirros-test.tar cirros-test:v1.0
[root@master Kylin-KubeVirt]# scp cirros-test.tar worker:~
Authorized users only. All activities may be monitored and reported.
cirros-test.tar
100%   16MB   61.1MB/s   00:00
```

登录 Worker 节点，导入刚刚制作的容器镜像。

```
[root@worker ~]# docker load -i cirros-test.tar
dc6ec440e989: Loading layer [==================================================>]
16.3MB/16.3MB
Loaded image: cirros-test:v1.0
```

返回到 Master 节点上，使用 YAML 文件启动刚刚制作的容器镜像。

```
[root@master Kylin-KubeVirt]# vi vmi-containerdisk.yaml
apiVersion: kubevirt.io/v1
```

```
kind: VirtualMachineInstance
metadata:
  labels:
    special: vmi-cirros
  name: vmi-cirros
spec:
  domain:
    devices:
      disks:
      - disk:
          bus: virtio
        name: containerdisk
    resources:
      requests:
        memory: 1024M
  terminationGracePeriodSeconds: 0
  volumes:
  - containerDisk:
      image: cirros-test:v1.0
      imagePullPolicy: IfNotPresent
    name: containerdisk
```

```
[root@master Kylin-KubeVirt]# kubectl apply -f vmi-containerdisk.yaml
virtualmachineinstance.kubevirt.io/vmi-cirros created
```

通过查询命令查看虚拟机的状态。

```
[root@master Kylin-KubeVirt]# kubectl get vmi
NAME          AGE       PHASE      IP            NODENAME     READY
vmi-cirros    9m25s     Running    10.244.1.25   worker       True
```

通过 console 命令查看虚拟机。

```
[root@master Kylin-KubeVirt]#   virtctl console vmi-cirros
=== cirros: current=0.5.2 uptime=48.11 ===
  ____               ____  ____
 / __/ __ ____ ____ / __ \/ __/
/ /__ / // __// __// /_/ /\ \
\___//_//_/   /_/   \____/___/
   http://cirros-cloud.net


login as 'cirros' user. default password: 'gocubsgo'. use 'sudo' for root.
cirros login:
```

3）基于 cloudInitNoCloud 初始化虚拟机

cloudInitNoCloud 利用 cloud-init 对虚拟机进行初始化，类似于 ConfigDrive，包含 metadata 和 user-data。meta-data 能实现一些固定功能的设置，如设置主机名称，user-data 则能实现更多灵活的功能，如生成文件、执行脚本等。

在创建虚拟机实例时，通过 cloudInitNoCloud 设置系统密码为 fedora，使用该密码连接虚拟机实例。

```
[root@master Kylin-KubeVirt]# vi vmi-cloud.yaml
apiVersion: kubevirt.io/v1
kind: VirtualMachineInstance
metadata:
  labels:
    special: vmi-fedora
  name: vmi-fedora
spec:
  domain:
    devices:
      disks:
      - disk:
          bus: virtio
        name: containerdisk
      - disk:
          bus: virtio
        name: cloudinitdisk
      rng: {}
    resources:
      requests:
        memory: 1024M
  terminationGracePeriodSeconds: 0
  volumes:
  - containerDisk:
      image: fedora-virt:v1.0
      imagePullPolicy: IfNotPresent
    name: containerdisk
  - cloudInitNoCloud:
      userData: |-
        #cloud-config
        password: fedora
        chpasswd: { expire: False }
    name: cloudinitdisk
[root@master Kylin-KubeVirt]# kubectl apply -f vmi-cloud.yaml
virtualmachineinstance.kubevirt.io/vmi-fedora created
[root@master Kylin-KubeVirt]# kubectl get vmis
NAME          AGE    PHASE    IP           NODENAME   READY
vmi-fedora    90s    Running  10.244.1.27  worker     True
```

虚拟机实例创建成功后，使用 virtctl 命令登录虚拟机实例。

```
[root@master Kylin-KubeVirt]# virtctl console vmi-fedora
Successfully connected to vmi-fedora console. The escape sequence is ^]

vmi-fedora login: fedora
Password:
[fedora@vmi-fedora ~]$ lsblk
NAME      MAJ:MIN RM SIZE RO TYPE MOUNTPOINT
vda      252:0     0   4G  0 disk
└─vda1 252:1     0    4G   0 part /
vdb       252:16   0   1M  0 disk
```

按组合键 Ctrl + \]，即可退出控制台，之后将删除虚拟机。

```
[root@master Kylin-KubeVirt]# kubectl delete -f vmi-cloud.yaml
virtualmachineinstance.kubevirt.io "vmi-fedora" deleted
```

4）基于 emptyDisk 为虚拟机实例增加一个磁盘

emptyDisk 的工作原理类似于 emptyDir，将分配一个额外的磁盘。emptyDisk 的生命周期与虚拟机的生命周期相同。

下面通过配置文件新增一个 emptyDir 类型的磁盘。

```
[root@master Kylin-KubeVirt]# vi vmi-emptydisk.yaml
apiVersion: kubevirt.io/v1
kind: VirtualMachineInstance
metadata:
  labels:
    special: vmi-fedora
  name: vmi-fedora
spec:
  domain:
    devices:
      disks:
      - disk:
          bus: virtio
        name: containerdisk
      - name: emptydisk
        disk:
          bus: virtio
      - disk:
          bus: virtio
        name: cloudinitdisk
    resources:
      requests:
        memory: 1024M
```

```
    terminationGracePeriodSeconds: 0
    volumes:
    - containerDisk:
        image: fedora-virt:v1.0
        imagePullPolicy: IfNotPresent
      name: containerdisk
    - name: emptydisk
      emptyDisk:
        capacity: 2Gi
    - cloudInitNoCloud:
        userData: |-
          #cloud-config
          password: fedora
          chpasswd: { expire: False }
      name: cloudinitdisk
[root@master Kylin-KubeVirt]# kubectl apply -f vmi-emptydisk.yaml
virtualmachineinstance.kubevirt.io/vmi-fedora created
[root@master Kylin-KubeVirt]# kubectl get vmi
NAME           AGE   PHASE     IP          NODENAME    READY
vmi-fedora     19s   Running   10.244.1.28  worker      True
```

使用 virtctl 命令登录虚拟机实例，查看磁盘列表。

```
[root@master Kylin-KubeVirt]# virtctl console vmi-fedora
Successfully connected to vmi-fedora console. The escape sequence is ^]

vmi-fedora login: fedora
Password:
[fedora@vmi-fedora ~]$ lsblk
NAME      MAJ:MIN RM SIZE RO TYPE MOUNTPOINT
vda       252:0    0   4G  0 disk
└─vda1    252:1    0   4G  0 part /
vdb       252:16   0   2G  0 disk
vdc       252:32   0   1M  0 disk
```

可以看到，新增了一个名为 vdb 的磁盘，说明 emptyDisk 挂载成功。

任务 2.4　管理虚拟机网络与接口

1．任务描述

虚拟机网络与接口扮演着连接虚拟化环境中各个虚拟机与外部网络的关键角色，包括分配唯一的 IP 地址、配置虚拟网络以实现虚拟机之间的通信、确保网络的安全性和性能的稳定性。通过模拟网络接口，虚拟机能够与虚拟网络相连接，而网络驱动程序和性能的稳定性则保障了虚拟机的高效通信。这一组织结构不仅支持虚拟机之间协同工作，还确保了整个网络的安全性和性能的稳定性。

2．任务分析

1）规划节点

使用银河麒麟服务器操作系统规划节点，如表 2-6 所示。

表 2-6　规划节点

IP 地址	主机名	节点
192.168.111.10	Master	Kylin 服务器控制节点
192.168.111.11	Worker	Kylin 服务器工作节点

2）基础准备

使用本地 PC 环境下的 VMWare Workstation 进行实操练习，使用 Kylin-Server-10-SP2-Release-Build09-20210524-x86_64.iso 镜像文件，将主机类型设置为 4vcpu、8GB 内存、100GB 磁盘；使用 NAT 网络模式，将 Master 节点的 IP 地址设置为 192.168.111.10，将 Worker 节点的 IP 地址设置为 192.168.111.11，将网关的 IP 地址设置为 192.168.111.254，将主机密码设置为 Kylin2023，自行为虚拟机配置 IP 地址，并完成 Kubernetes 集群的部署。

3．任务实施

1）配置 Pod 网络

Pod 网络是 Kubernetes 集群默认的网络方案，要为每个 Pod 配置 eth0 接口，需要自行指定。

首先，编写一个文件，指定与虚拟机实例相关的网络信息。

```
[root@master Kylin-KubeVirt]# vi vmi-centos-default.yaml
apiVersion: kubevirt.io/v1
kind: VirtualMachineInstance
metadata:
  name: vmi-centos-default
spec:
  terminationGracePeriodSeconds: 0
  domain:
    cpu:
      cores: 2
    memory:
      guest: 2Gi
    devices:
      disks:
      - name: containerdisk
        disk:
          bus: virtio
      interfaces:
```

```
    - name: default
      bridge: {}
  features:
    acpi:
      enabled: true
  machine:
    type: q35
networks:
- name: default
  pod: {}
volumes:
- name: containerdisk
  containerDisk:
    image: centos7.5-virt:v1.0
    imagePullPolicy: IfNotPresent
```

配置文件解析如下。

（1）interfaces：定义虚拟机网络接口。

（2）name: default：指定虚拟机网络接口的名称为 default。

（3）bridge: {}：使用默认的网络桥接配置。

（4）features：定义虚拟机的功能特性。

（5）acpi: enabled: true：启用 ACPI（高级配置与电源管理接口）。

（6）machine: type: q35：指定虚拟机的类型为 Q35。

（7）pod: {}：使用默认的 Pod 网络配置。

其次，使用 apply 命令启动虚拟机实例。

```
[root@master Kylin-KubeVirt]# kubectl apply -f vmi-centos-default.yaml
virtualmachineinstance.kubevirt.io/vmi-centos-default created
```

使用 kubectl 命令查看 Pod 的 IP 地址和虚拟机实例的 IP 地址。

```
[root@master Kylin-KubeVirt]# kubectl get pods -owide
NAME                                       READY   STATUS    RESTARTS   AGE     IP
NODE         NOMINATED NODE   READINESS GATES
virt-launcher-vmi-centos-default-c6rtz     2/2     Running   0          5m52s   10.244.1.13   worker
<none>                    1/1
[root@master Kylin-KubeVirt]#   kubectl get vmi
NAME                AGE      PHASE     IP             NODENAME   READY
vmi-centos-default  5m56s    Running   10.244.1.13    worker     True
```

可以看到，Pod 的 IP 地址和虚拟机实例的 IP 地址是一样的。虚拟机网络支持桥接和 NAT 两种网络模式。在使用桥接网络模式时，原生虚拟机与 Pod 之间是打通的，虚拟机的 IP 地址即 Pod 的 IP 地址。

再次，连接虚拟机实例，账号为 root，密码为 Abc@1234，并验证网络接口，如图 2-5 所示。

```
[root@master Kylin-KubeVirt]# virtctl console vmi-centos-default
```

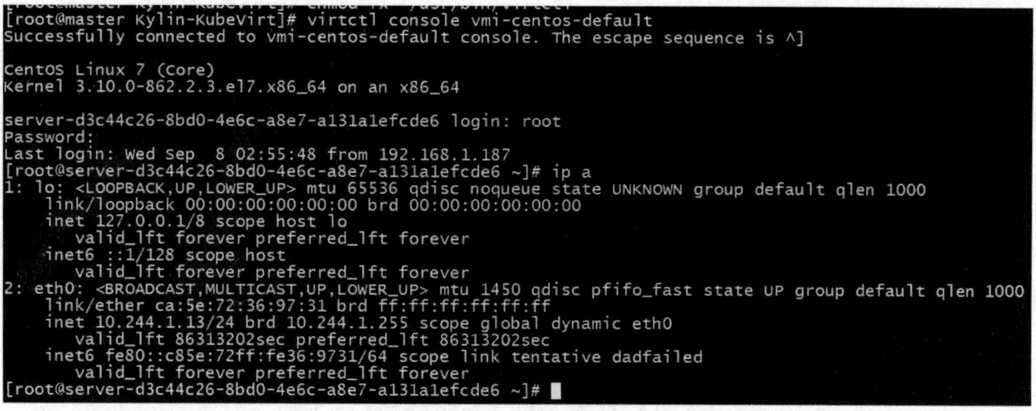

图 2-5　连接虚拟机实例并验证网络接口

可以看到，虚拟机实例只有一张默认的网卡 eth0，且使用网络与使用 kubectl 命令查询到的 IP 地址是一样的。

最后，清除环境。

```
kubectl delete -f vmi-centos-default.yaml
```

2）将虚拟机实例公开为 ClusterIP 服务

在这个阶段将以 NodePort 的方式，将虚拟机实例的 SSH 端口暴露给集群外部。这使得可以通过宿主机的 IP 地址和 NodePort 来访问虚拟机实例的 SSH 服务。

首先，编写一个文件，启动虚拟机实例。

```
[root@master Kylin-KubeVirt]# vi vmi-centos-ssh.yaml
apiVersion: kubevirt.io/v1
kind: VirtualMachineInstance
metadata:
  name: vmi-centos-key
  labels:
    special: key
spec:
  domain:
    devices:
      disks:
      - name: containerdisk
        disk:
          bus: virtio
    resources:
      requests:
        memory: 2G
  volumes:
  - name: containerdisk
    containerDisk:
      image: centos7.5-virt:v1.0
      imagePullPolicy: IfNotPresent
```

57

使用 kubectl 命令创建虚拟机实例。

```
[root@master Kylin-KubeVirt]# kubectl apply -f vmi-centos-ssh.yaml
virtualmachineinstance.kubevirt.io/vmi-centos-key created
```

其次，通过创建一个 ClusterIP 服务来暴露虚拟机实例的 SSH 端口。

```
[root@master Kylin-KubeVirt]# vi vmi-centos-clusterip.yaml
apiVersion: v1
kind: Service
metadata:
  name: vmi-clusterip
spec:
  ports:
  - port: 27017
    protocol: TCP
    targetPort: 22
  selector:
    special: key
  type: ClusterIP
```

通过这个配置文件，将端口映射到 27017 上，目标端口是 22，也就是虚拟机实例的 SSH 端口。通过选择器指定 Label 为 special: key。在虚拟机实例的配置中可以看到，已经打上了对应的 Label，这时应通过文件将其映射出来。

```
[root@master Kylin-KubeVirt]# kubectl apply -f vmi-centos-clusterip.yaml
service/vmi-clusterip created
```

再次，查看刚刚创建的 Service 的 IP 地址。

```
[root@master Kylin-KubeVirt]# kubectl get service vmi-clusterip
NAME            TYPE        CLUSTER-IP      EXTERNAL-IP   PORT(S)      AGE
vmi-clusterip   ClusterIP   10.1.200.68     <none>        27017/TCP    2m57s
```

最后，使用 ssh 命令连接 Service 的 IP 地址并进行访问，如图 2-6 所示。

```
[root@master Kylin-KubeVirt]# ssh root@10.1.200.68 -p 27017
```

```
[root@master Kylin-KubeVirt]# ssh root@10.1.200.68 -p 27017
The authenticity of host '[10.1.200.68]:27017 ([10.1.200.68]:27017)' can't be es
tablished.
ECDSA key fingerprint is SHA256:FqTDtd28812m1IAFRjAbURuwoPQQRbq7gqGrEYh77C4.
Are you sure you want to continue connecting (yes/no/[fingerprint])? yes
Warning: Permanently added '[10.1.200.68]:27017' (ECDSA) to the list of known ho
sts.
root@10.1.200.68's password:
Last login: Wed Sep  8 02:55:48 2021 from 192.168.1.187
[root@server-d3c44c26-8bd0-4e6c-a8e7-a131a1efcde6 ~]# ip a
1: lo: <LOOPBACK,UP,LOWER_UP> mtu 65536 qdisc noqueue state UNKNOWN group default qlen 1000
    link/loopback 00:00:00:00:00:00 brd 00:00:00:00:00:00
    inet 127.0.0.1/8 scope host lo
       valid_lft forever preferred_lft forever
    inet6 ::1/128 scope host
       valid_lft forever preferred_lft forever
2: eth0: <BROADCAST,MULTICAST,UP,LOWER_UP> mtu 1450 qdisc pfifo_fast state UP group default qlen 1000
    link/ether ee:5e:26:11:0c:43 brd ff:ff:ff:ff:ff:ff
    inet 10.244.1.14/24 brd 10.244.1.255 scope global dynamic eth0
       valid_lft 86313212sec preferred_lft 86313212sec
    inet6 fe80::ec5e:26ff:fe11:c43/64 scope link tentative dadfailed
       valid_lft forever preferred_lft forever
[root@server-d3c44c26-8bd0-4e6c-a8e7-a131a1efcde6 ~]#
```

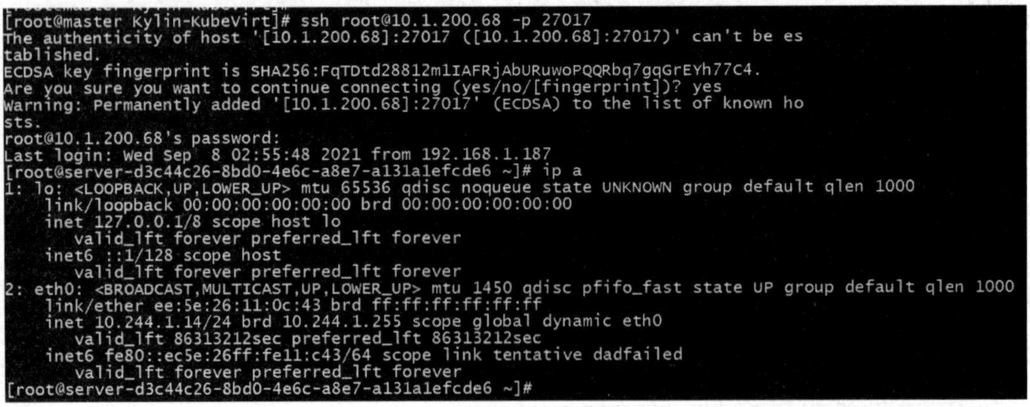

图 2-6　使用 ssh 命令连接 Service 的 IP 地址并进行访问

3）将虚拟机实例公开为 NodePort 服务

在这个阶段，将使用宿主机的 IP 地址和 NodePort，通过 SSH 客户端连接虚拟机实例，实现对虚拟机实例的远程访问。

以 NodePort 的方式公开虚拟机实例的 SSH 端口。

```
[root@master Kylin-KubeVirt]# vi vmi-centos-nodeport.yaml
apiVersion: v1
kind: Service
metadata:
  name: vmi-nodeport
spec:
  externalTrafficPolicy: Cluster
  ports:
  - name: nodeport
    nodePort: 30000
    port: 27017
    protocol: TCP
    targetPort: 22
  selector:
    special: key
  type: NodePort
```

配置文件将以 NodePort 的方式把 Label 为 special: key 的资源的端口 27017 映射到宿主机的端口 30000 上。

```
[root@master Kylin-KubeVirt]# kubectl apply -f vmi-centos-nodeport.yaml
service/vmi-nodeport created
```

通过配置启动后，使用命令查看对应的 Service 的映射信息。

```
[root@master Kylin-KubeVirt]# kubectl get Service vmi-nodeport
NAME              TYPE         CLUSTER-IP       EXTERNAL-IP      PORT(S)            AGE
vmi-nodeport      NodePort     10.1.153.116     <none>           27017:30000/TCP    14s
```

此时，端口 27017 已经被成功映射到了宿主机的端口 30000 上，可以通过使用 ssh 命令登录端口 30000 来进入虚拟机。

```
[root@master Kylin-KubeVirt]# ssh root@127.0.0.1 -p 30000
root@127.0.0.1's password:
Last login: Tue Mar 15 03:14:48 2023 from 127.0.0.1
[root@v1 ~]#
```

项目小结

通过学习本项目，相信读者已获得在 Kubernetes 中运行虚拟机工作负载的实际经验，学到如何通过 KubeVirt 创建虚拟机，并掌握虚拟机的生命周期管理技能，包括启动、停止和删除等操作。此外，相信读者已能够独立配置虚拟机运行策略，如调度、资源限制等，并学会在不同存储后端选择合适的选项。更重要的是，相信读者已深入了解容器与如何进行虚拟机混合部署，这些将为其云原生技术的实际应用提供有价值的经验，为其未来职业发展积累实用性的技能。

课后练习

1.（单选题）KubeVirt 的主要目的是（　　　）。

    A．运行容器工作负载

    B．在 Kubernetes 中运行虚拟机工作负载

    C．管理云原生应用

    D．数据存储和网络配置

2.（单选题）随着（　　）技术的快速发展，Kubernetes 已经成为部署和管理容器化应用的事实标准。

    A．传统虚拟化

    B．云计算

    C．云原生

    D．容器编排

3.（单选题）对于仍在维护传统虚拟机工作负载的企业来说，将这些工作负载迁移到容器中可能会遇到的挑战为（　　　）。

    A．容器安全性

    B．资源限制

    C．应用兼容性和依赖性

    D．集群扩展性

4.（单选题）以下为 KubeVirt 的核心组件的是（　　　）。

    A．Kubelet

    B．kube-proxy

    C．virt-handler

    D．etcd

实训练习

1．使用 KubeVirt 在 Kubernetes 集群中创建一个简单的虚拟机实例。

2．通过 KubeVirt 管理虚拟机生命周期，尝试恢复之前停止运行的虚拟机实例，并确保其能够正常运行。

项目 3

ServiceMesh 技术应用

项目描述

随着容器化和分布式服务的云原生应用开发的出现,对开发人员来说,了解这些服务如何协同工作已经变得非常重要。帮助开发者与企业监控、连接和保护他们的微服务但不需要修改代码的关键工具之一是 Istio。Istio 因自身功能而成为生产中被广泛采用的 ServiceMesh,并日益成为企业基础设施的一个关键组成部分。

本项目将通过部署 Bookinfo 应用、启用 Istio 流量管理、灰度发布和服务治理 3 个任务,比较全面地介绍网格技术和微服务架构。通过学习本项目,读者将深入了解 ServiceMesh 的原理和实现方式,并掌握相关的管理和操作技能。

1. 知识目标

(1)了解 ServiceMesh、Istio 的概念。
(2)理解 Istio 架构。
(3)认识服务治理。
(4)了解 ServiceMesh 的功能。

2. 能力目标

(1)能够理解 ServiceMesh 的概念和实现方式。
(2)能够充分认识微服务架构和容器化技术。
(3)能够在实际应用中进行相关的设计和开发工作。

3. 素养目标

(1)具备以科学的思维方式审视专业问题的能力。
(2)具备实际动手操作与团队合作的能力。

任务分解

本项目旨在帮助读者掌握 ServiceMesh 的概念与使用方法。为了方便读者学习,本项目中的任务被分解为 3 个，内容从基础的部署 Bookinfo 应用，先到启用 Istio 流量管理，再到灰度发布和服务治理，循序渐进。任务分解如表 3-1 所示。

表 3-1 任务分解

任务名称	任务目标	任务学时
任务 3.1 部署 Bookinfo 应用	能够部署 Bookinfo 应用	4
任务 3.2 启用 Istio 流量管理	能够启用 Istio 流量管理	4
任务 3.3 灰度发布和服务治理	能够完成灰度发布和服务治理	4
总计		12

知识准备

1．网格服务概述

Istio 是一种云原生、应用层的网络技术，用于解决组成应用的组件之间的连接、安全、策略等问题。Istio 是 ServiceMesh 云原生时代的产物，是云原生应用的新型架构模式。同时，Istio 也是一个与 Kubernetes 紧密结合的适用于云原生场景的 ServiceMesh 形态的用于服务治理的开放平台。Istio 介绍如图 3-1 所示。

图 3-1 Istio 介绍

ServiceMesh 是一种基础设施层，用于管理微服务架构，通常由多个代理组成，用于控制数据包在微服务之间的流动。ServiceMesh 旨在解决微服务架构中的复杂问题，如服务发现、流量控制和故障处理等。与传统单体应用不同，微服务架构中的每个服务都是一个独立部署的单元，需要进行精细的协调和管理。

1）网格服务的诞生

2016 年 9 月，Envoy 代理开源，在 Lyft 中得到生产验证，起初作为边缘代理，并在 2017 年加入 CNCF（云原生应用计算基金会）。2017 年，Istio 由 Google 和 IBM 的团队与 Lyft 合作启动，Tetrate 的创始人 Varun Talwar 和 Louis Ryan 为其命名，并在 2017 年 5 月发布 Istio 0.1，正式为其开源。

Istio 开源后，经过了一段时间的发展，在 Istio 1.0 的前两个月发布了 Istio 0.8，这是对 API 的一次大规模的重构。而在 2018 年 7 月底发布 Istio 1.0 后，Istio 达到了生产可用的临界点，此后 Google 对 Istio 团队进行了大规模重组，多家以 Istio 为基础的 ServiceMesh 创业公司诞生，可以说，2018 年是 ServiceMesh 行业诞生的元年。

2）网格服务的发展历程

在 Google、IBM、Red Hat 等开源巨头成熟的项目运作与社区治理机制的协助下，Istio 快速发展。Istio 作为第二代 ServiceMesh 技术，基于 Kubernetes 标准扩展控制平面，有了很高的灵活性及很强扩展能力，带来的影响力远超更早出现的 Linkerd。网格服务的发展历程如图 3-2 所示。

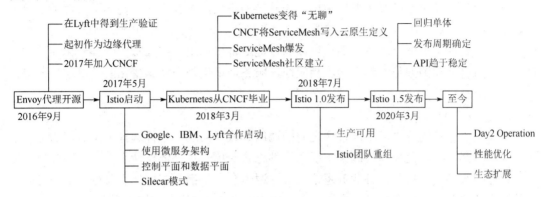

图 3-2 网格服务的发展历程

2. Istio 架构

Istio 通过在 Kubernetes 集群内部插入 Envoy 代理，实现对微服务之间流量的控制和管理。Istio 架构主要包括工作机制、服务模型、组件 3 个方面的内容。

1）工作机制

Istio 借助于 Envoy 代理，实现对微服务之间流量的控制和管理。当一个请求到达 Istio 网格时，它首先会被发送给本地 Envoy 代理，其次会根据配置和策略进行路由和处理。Envoy 代理可以为每个请求都添加一些元数据（跟踪 ID、来源 IP 地址等），并将其发送到目标服务或其他 Envoy 代理上。这样，整个 ServiceMesh 就形成了一个透明的网络层，可以轻松地管理微服务之间的通信。

2）服务模型

Istio 的服务模型是指对服务的抽象和定义方式。在 Istio 中，每个服务都是由一个或多个 Pod 组成的，它们共享相同的 Label。Istio 将这些 Pod 定义为服务实例，并使用 Service 对它们进行分组。此外，Istio 还为每个服务都创建了一个 VirtualService（虚拟服务）入口，用于将服务公开给其他服务或外部用户。这些 VirtualService 入口可以通过 Gateway 和 VirtualService 等 Istio 资源进行配置。Istio 的服务模型基于 Kubernetes Pod 和 Service 对服务进行抽象和定义，提供了高级路由、负载均衡、安全性、可观测性等功能，有助于实现更加稳定和可靠的微服务架构。

3）组件

Istio 架构主要由控制平面和数据平面组成，其中控制平面包括 Pilot、Mixer 和 Citadel 等组件，数据平面包括 Envoy Proxy 组件。Istio 架构用于管理整个 ServiceMesh 的配置和策略。

Pilot：负责流量管理和配置分发。

Mixer：负责策略控制和遥测数据收集。

Citadel：负责安全认证和授权。

此外，Istio 还提供了一些辅助工具，如 Grafana 和 Kiali 等监控和可视化工具，以方便用户实时监测整个 ServiceMesh 的运行状况。

3．服务治理

服务治理可以说是微服务架构中核心和基础的模块，主要用来实现各个微服务实例的自动化注册与发现。在传统的系统部署中，服务运行在固定已知的 IP 地址和端口上。如果一个服务需要调用另一个服务，那么可以通过地址直接调用。在虚拟化或容器化环境中，服务实例的启动和销毁是很频繁的，相应地，服务地址也是在动态变化的。以下是服务治理的 3 种形态。

1）在应用中包含治理逻辑

在最初的服务拆分中，不同模块之间的调用都成了问题。怎样选择一个对端服务，怎样发送请求都需要自己编写代码来实现。这种方式简单、对外依赖性小，但不同模块需要使用重复的服务治理代码，且业务逻辑与治理逻辑会产生耦合。如果需要修改治理逻辑，那么很可能需要对全部模块进行升级。在应用中包含治理逻辑如图 3-3 所示。

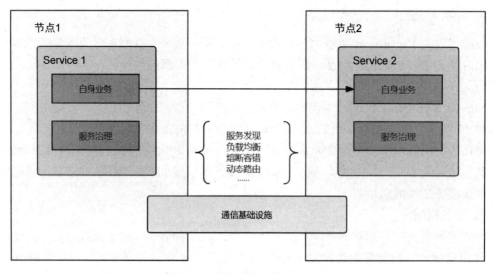

图 3-3　在应用中包含治理逻辑

2）治理逻辑独立的代码

为了解决第一种方案的弊端，可以把治理逻辑的公共逻辑抽取到一个公共库中，让所有服务都使用这个公共库。当这些治理逻辑被包含在开发框架中时，只要使用开发框架的代码就会具有这种能力。如图 3-4 所示的 SDK 模式，这种类型非常经典的开发框架就是 Spring Cloud。

3）治理逻辑独立的进程

如图 3-5 所示，业务逻辑的进程与治理逻辑的进程完全独立，二者的代码和运行都无耦合。这样既可以做到开发语言没有界限，又可以做到升级时相互独立，对代码不会产生任何干扰。这种方案就是 Istio 采用的服务治理方案。

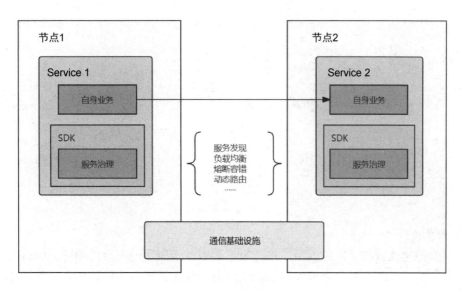

图 3-4　SDK 模式

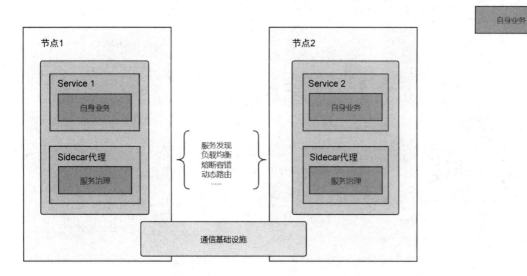

图 3-5　业务逻辑的进程与治理逻辑的进程

4．ServiceMesh 的功能

ServiceMesh 通常提供高级路由、负载均衡、安全性、可观测性等功能。高级路由功能可以将请求流量发送到正确的微服务中，实现微服务之间的交互。负载均衡功能可以保证多个实例之间的请求分配更加均匀。可观测性功能可以帮助管理员监测整个系统的运行情况，并及时诊断和处理故障。安全性功能可以保护微服务架构免受各种网络攻击和威胁。

1）流量管理

Istio 简单的规则配置和流量路由允许控制服务之间的流量和 API 调用。Istio 简化了服务级属性（超时和重试等）配置，且可以轻而易举地执行重要的任务（A/B 测试、金丝雀版本发布和按流量百分比划分的分阶段发布等）。流量管理包括高级路由和负载均衡。流量管理如图 3-6 所示。

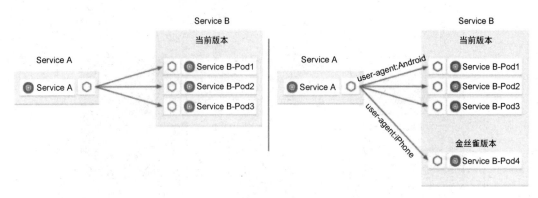

图 3-6　流量管理

2）安全性

Istio 的安全性解放了开发人员，使其只需要专注于应用的安全性即可。Istio 提供了底层安全通信通道，并可以为大规模的服务通信管理进行认证、授权和加密。有了 Istio，服务通信在默认情况下就是受保护的，可以在跨不同协议和运行时的情况下实施一致的策略，而所有这些都只需要很少甚至不需要修改应用。安全性功能如图 3-7 所示。

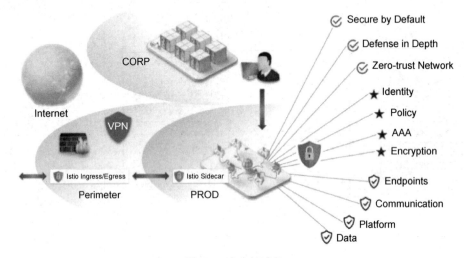

图 3-7　安全性功能

3）可观测性

Istio 健壮的追踪、监控和日志特性可以深入地了解 ServiceMesh 部署。通过 Istio 的可观测性，可以真正地了解服务的性能是如何影响上游和下游的；而 Istio 定制的 Dashboard 提供了对所有服务性能的可视化能力，且可以看到是如何影响其他进程的。可观测性功能如图 3-8 所示。

4）平台支持

Istio 独立于平台，被设计为可以在各种环境（跨 Kubernetes、Mesos 等）中运行。

可以在 Kubernetes 或装有 Consul 的 Nomad 环境中部署 Istio。目前，Istio 支持 Kubernetes 中的服务部署、基于 Consul 的服务注册、服务在独立的虚拟机上运行。

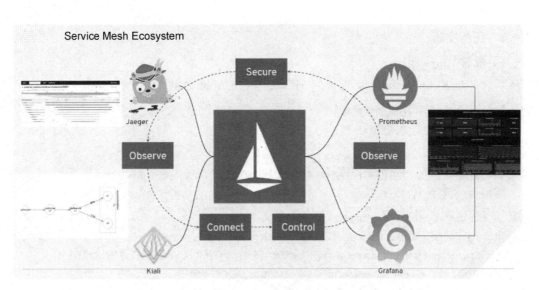

图 3-8　可观测性功能

任务 3.1　部署 Bookinfo 应用

1．任务描述

本任务旨在帮助读者快速掌握如何部署 Bookinfo 应用。本任务将银河麒麟服务器操作系统作为实操环境，将详细介绍如何部署 Bookinfo 应用。通过学习本任务，读者将获得在银河麒麟服务器操作系统上使用 Istio 进行应用部署和管理的实践经验，为构建可靠且高效的应用环境奠定基础。这将使读者更好地理解和应用 Istio 的功能，实现对应用进行流量管理、故障恢复和安全控制。

2．任务分析

1）规划节点

使用银河麒麟服务器操作系统规划节点，如表 3-2 所示。

表 3-2　规划节点

IP 地址	主机名	节点
192.168.111.10	Master	Kylin 服务器控制节点
192.168.111.11	Worker	Kylin 服务器工作节点

2）基础准备

使用本地 PC 环境下的 VMware Workstation 进行实操练习，使用 Kylin-Server-10-SP2-Release-Build09-20210524-x86_64.iso 镜像文件，将主机类型设置为 4vcpu、8GB 内存、100GB 磁盘；使用 NAT 网络模式，将 Master 节点的 IP 地址设置为 192.168.111.10，将 Worker 节点的 IP 地址设置为 192.168.111.11，将网关的 IP 地址设置为 192.168.111.254，将主机密码设置为 Kylin2023，自行为虚拟机配置 IP 地址，安装 Kubernetes 服务，关闭 SELinux 和防火墙服务。

3. 任务实施

1）部署 Istio 应用

将软件包 KylinMesh.tar.gz 上传到 Master 节点的/root 目录下，并解压缩。

```
[root@master ~]# tar -zxf KylinMesh.tar.gz
```

向 Master 节点导入镜像。

```
[root@master ~]# cd KylinMesh/images/
[root@master images]# docker load -i istio-image.tar
```

将镜像传送到 Worker 节点上。

```
[root@master images]# scp istio-image.tar worker:/root/
The authenticity of host 'worker (192.168.111.11)' can't be established.
ECDSA key fingerprint is SHA256:xmx4QDs0KTzRbrvI656QyJxG16K1Us7edP8fy9vMuV8.
Are you sure you want to continue connecting (yes/no/[fingerprint])? yes
Warning: Permanently added 'worker' (ECDSA) to the list of known hosts.

Authorized users only. All activities may be monitored and reported.
istio-image.tar
100%   628MB   23.3MB/s    00:26
```

向 Worker 节点导入镜像。

```
[root@worker ~]# docker load -i istio-image.tar
```

转到 Istio 包目录下。

```
[root@master images]# cd /root/KylinMesh
```

将 istioctl 添加到/usr/bin/目录下。

```
[root@master KylinMesh]# mv bin/istioctl /usr/bin/
```

部署 Istio。此处需要等待大概 5～10 分钟。

```
[root@master KylinMesh]# istioctl install --set profile=demo -y
✔ Istio core installed
✔ Istiod installed
✔ Egress gateways installed
✔ Ingress gateways installed
✔ Installation complete
Making this installation the default for injection and validation.

Thank you for installing Istio 1.13.   Please take a few minutes to tell us about your install/upgrade experience!
https://forms.gle/pzWZpAvMVBecaQ9h9
```

部署 Grafana。

```
[root@master KylinMesh]# kubectl apply -f samples/addons/grafana.yaml
serviceaccount/grafana created
configmap/grafana created
service/grafana created
```

```
deployment.apps/grafana created
configmap/istio-grafana-dashboards created
configmap/istio-services-grafana-dashboards created
```

部署 Prometheus。

```
[root@master KylinMesh]# kubectl apply -f samples/addons/prometheus.yaml
serviceaccount/prometheus created
configmap/prometheus created
clusterrole.rbac.authorization.k8s.io/prometheus created
clusterrolebinding.rbac.authorization.k8s.io/prometheus created
service/prometheus created
deployment.apps/prometheus created
```

部署 Kiali。

```
[root@master KylinMesh]# kubectl apply -f samples/addons/kiali.yaml
serviceaccount/kiali created
configmap/kiali created
clusterrole.rbac.authorization.k8s.io/kiali-viewer created
clusterrole.rbac.authorization.k8s.io/kiali created
clusterrolebinding.rbac.authorization.k8s.io/kiali created
role.rbac.authorization.k8s.io/kiali-controlplane created
rolebinding.rbac.authorization.k8s.io/kiali-controlplane created
service/kiali created
deployment.apps/kiali created
```

部署 Jaeger。

```
[root@master KylinMesh]# kubectl apply -f samples/addons/jaeger.yaml
deployment.apps/jaeger created
service/tracing created
service/zipkin created
service/jaeger-collector created
```

2）部署 Bookinfo 应用到 Kubernetes 集群中

Bookinfo 应用分为以下 4 个单独的微服务。

（1）productpage：调用 details 和 reviews 两个微服务，用来生成产品页面。

（2）details：包含书籍的信息。

（3）reviews：包含书籍的相关评论，会调用 ratings。

reviews 有以下 3 个版本。

① v1 版本的 reviews 不会调用 ratings。

② v2 版本的 reviews 会调用 ratings，并使用 1～5 个黑色五角星显示评分信息。

③ v3 版本的 reviews 会调用 ratings，并使用 1～5 个红色五角星显示评分信息。

（4）ratings：包含由书籍评价组成的评级信息。

Bookinfo 应用的端到端架构如图 3-9 所示。

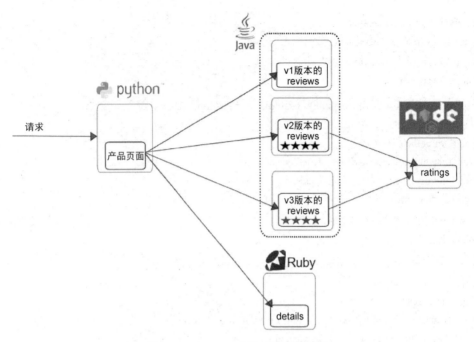

图 3-9　Bookinfo 应用的端到端架构

  Bookinfo 应用中的几个微服务是由不同的语言编写的。这些微服务并不依赖 Istio，但是构成了一个有代表性的 ServiceMesh 的示例：Bookinfo 应用由多个服务、多种语言构成，且具有多个版本。

  向 Master 节点导入镜像。

```
[root@master KylinMesh]# docker load -i images/bookinfo-image.tar
```

  将镜像传送到 Worker 节点上。

```
[root@master KylinMesh]# scp images/bookinfo-image.tar worker:/root/
Authorized users only. All activities may be monitored and reported.
bookinfo-image.tar
100% 1563MB　77.2MB/s　00:20
```

  向 Worker 节点导入镜像。

```
[root@worker ~]# docker load -i bookinfo-image.tar
```

  将 Bookinfo 应用部署到 Kubernetes 集群中。

```
[root@master KylinMesh]# kubectl apply -f bookinfo/bookinfo.yaml
service/details created
serviceaccount/bookinfo-details created
deployment.apps/details-v1 created
service/ratings created
serviceaccount/bookinfo-ratings created
deployment.apps/ratings-v1 created
service/reviews created
serviceaccount/bookinfo-reviews created
deployment.apps/reviews-v1 created
```

```
service/productpage created
serviceaccount/bookinfo-productpage created
deployment.apps/productpage-v1 created
```

查看 Pod。

```
[root@master KylinMesh]# kubectl get pods
NAME                              READY   STATUS    RESTARTS   AGE
details-v1-79f774bdb9-llmf7       1/1     Running   0          20s
productpage-v1-6b746f74dc-pzjsq   1/1     Running   0          19s
ratings-v1-b6994bb9-lk4gw         1/1     Running   0          20s
reviews-v1-545db77b95-nr8sw       1/1     Running   0          20s
```

3）启用对 Bookinfo 应用的外部访问

要使 Bookinfo 应用从外部访问，可以使用 Istio 网关实现。

使用网关为网格管理入站或出站流量，可以指定要进入或流出网格的流量。网关配置被用于运行在网格边界的独立 Envoy 代理上，而不是服务工作负载的 Sidecar 代理上。

与 Kubernetes Ingress API 这种控制进入系统流量的其他机制不同，Istio 网关充分利用了流量路由的强大能力和灵活性。Istio 网关的资源可以配置 4~6 层的负载均衡属性，如对外暴露的端口等。作为应用层流量路由到相同 API 资源的一种替代方案，可以将一个标准的 VirtualService 绑定到网关上。这样做的好处是，网关流量的管理可以与 ServiceMesh 中的其他数据平面的流量的管理保持一致。

入口网关主要用于管理进入网络的流量，也可以配置出口网关。出口网关为流出网格的流量配置一个专用的出口节点，这可以限制哪些服务可以或应该访问外部网络，也可以启用出口流量安全控制，以提高网格的安全性。

网关配置文件如下。

```
[root@master KylinMesh]# vi bookinfo-gateway.yaml
apiVersion: networking.istio.io/v1alpha3
kind: Gateway
metadata:
  name: bookinfo-gateway
spec:
  selector:
    istio: ingressgateway # use istio default controller
  servers:
  - port:
      number: 80
      name: http
      protocol: HTTP
    hosts:
    - "*"
---
apiVersion: networking.istio.io/v1alpha3
kind: VirtualService
```

```
metadata:
  name: bookinfo
spec:
  hosts:
  - "*"
  gateways:
  - bookinfo-gateway
  http:
  - match:
    - uri:
        exact: /productpage
    - uri:
        prefix: /static
    - uri:
        exact: /login
    - uri:
        exact: /logout
    - uri:
        prefix: /api/v1/products
    route:
    - destination:
        host: productpage
        port:
          number: 9080
```

上述网关配置文件指定了所有 HTTP 流量通过端口 80 流入网格，并把网关绑定到 VirtualService 中。

为应用定义入口网关。

```
[root@master KylinMesh]# kubectl apply -f bookinfo-gateway.yaml
gateway.networking.istio.io/bookinfo-gateway created
virtualservice.networking.istio.io/bookinfo created
```

确认入口网关创建完成。

```
[root@master KylinMesh]# kubectl get gateway
NAME                AGE
bookinfo-gateway    81s
```

查看入口网关。

```
[root@master KylinMesh]# kubectl get Service -n istio-system
NAME                    TYPE            CLUSTER-IP         EXTERNAL-IP     PORT(S)
AGE
istio-egressgateway     ClusterIP       10.107.246.167     <none>          80/TCP,443/TCP
29m
istio-ingressgateway    LoadBalancer    10.103.8.57        <pending>
15021:30861/TCP,80:30452/TCP,443:31231/TCP,31400:30825/TCP,15443:30019/TCP    29m
```

可以看到，网关端口 80 对应的 NodePort 端口是 30452。在浏览器上访问 Bookinfo 应用界面如图 3-10 所示。

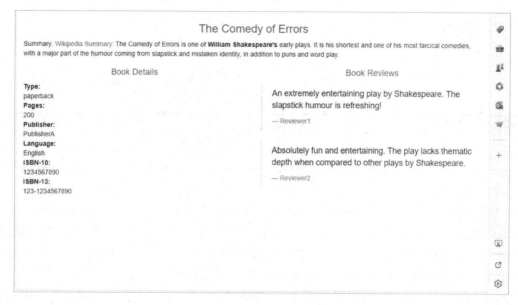

图 3-10　在浏览器上访问 Bookinfo 应用界面

4）生产测试

使用 curl 命令每秒向 Bookinfo 应用发送 1 个请求，模拟用户流量。

```
[root@master KylinMesh]# vi curl.sh
#!/bin/bash
while true
do
    curl http://192.168.111.10:30452/productpage >/dev/null 2>&1
    sleep 1
done
```

在后台运行脚本。

```
[root@master KylinMesh]# chmod +x curl.sh
[root@master KylinMesh]# bash curl.sh &
[1] 32918
```

至此，Bookinfo 应用部署完成。

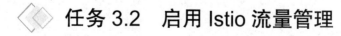

任务 3.2　启用 Istio 流量管理

1. 任务描述

本任务旨在帮助读者快速掌握如何在银河麒麟服务器操作系统上启用 Istio 流量管理，包括如何在 productpage 中启用 Istio、如何在所有微服务中启用 Istio，以及如何监控 Istio。通过学习本任务，读者将获得在银河麒麟服务器操作系统上启用 Istio 流量管理的实践经验，为构建可靠且高效的应用环境奠定基础。此外，读者将能够理解和应用 Istio 流量管理的功能，实现对应用流量的精确控制和监控，从而提高应用的可靠性和安全性。

2．任务分析

1）规划节点

使用银河麒麟服务器操作系统规划节点，如表 3-3 所示。

表 3-3　规划节点

IP 地址	主机名	节点
192.168.111.10	Master	Kylin 服务器控制节点
192.168.111.11	Worker	Kylin 服务器工作节点

2）基础准备

使用本地 PC 环境下的 VMware Workstation 进行实操练习，使用 Kylin-Server-10-SP2-Release-Build09-20210524-x86_64.iso 镜像文件，将主机类型设置为 4vcpu、8GB 内存、100GB 磁盘；使用 NAT 网络模式，将 Master 节点的 IP 地址设置为 192.168.111.10，将 Worker 节点的 IP 地址设置为 192.168.111.11，将网关的 IP 地址设置为 192.168.111.254，将主机密码设置为 Kylin2023，自行为虚拟机配置 IP 地址，安装 Kubernetes 服务，关闭 SELinux 和防火墙服务，并按照任务 3.1 任务实施中的操作步骤完成 Bookinfo 应用的部署。

3．任务实施

1）在 productpage 中启用 Istio

在 productpage 中启用 Istio 时，这个应用的其他部分会继续按照原样运行。可以一个一个地逐步启用 Istio。在微服务中启用 Istio 是无侵入的，即使不修改微服务代码或破坏应用，也能够持续运行并为用户请求服务。

使用 Istio 控制 Bookinfo 版本路由之前，需要在 DestinationRule（目标规则）中定义好可用的版本。DestinationRule 是 Istio 流量路由的关键部分。可以先将 VirtualService 视为将流量如何路由到指定的目标地址处，然后使用 DestinationRule 配置目标流量。评估 VirtualService 路由规则之后，DestinationRule 将被应用于流量的"真实"目标地址。

编写 DestinationRule 配置文件。

```
[root@master KylinMesh]# vi destination-rule-all.yaml
apiVersion: networking.istio.io/v1alpha3
kind: DestinationRule
metadata:
  name: productpage
spec:
  host: productpage
  subsets:
  - name: v1
    labels:
      version: v1
---
```

```yaml
apiVersion: networking.istio.io/v1alpha3
kind: DestinationRule
metadata:
  name: reviews
spec:
  host: reviews
  subsets:
  - name: v1
    labels:
      version: v1
  - name: v2
    labels:
      version: v2
  - name: v3
    labels:
      version: v3
---
apiVersion: networking.istio.io/v1alpha3
kind: DestinationRule
metadata:
  name: ratings
spec:
  host: ratings
  subsets:
  - name: v1
    labels:
      version: v1
  - name: v2
    labels:
      version: v2
  - name: v2-mysql
    labels:
      version: v2-mysql
  - name: v2-mysql-vm
    labels:
      version: v2-mysql-vm
---
apiVersion: networking.istio.io/v1alpha3
kind: DestinationRule
metadata:
  name: details
spec:
  host: details
  subsets:
```

```
  - name: v1
    labels:
      version: v1
  - name: v2
    labels:
      version: v2
```

创建默认 DestinationRule。

```
[root@master KylinMesh]# kubectl apply -f destination-rule-all.yaml
destinationrule.networking.istio.io/productpage created
destinationrule.networking.istio.io/reviews created
destinationrule.networking.istio.io/ratings created
destinationrule.networking.istio.io/details created
[root@master KylinMesh]# kubectl get destinationrule
NAME            HOST            AGE
details         details         27s
productpage     productpage     27s
ratings         ratings         27s
reviews         reviews         27s
```

重新部署 productpage，启用 Istio。

```
[root@master KylinMesh]# cat bookinfo/bookinfo.yaml | istioctl kube-inject -f - | kubectl apply -l
app=productpage -f -
service/productpage unchanged
deployment.apps/productpage-v1 configured
```

检查 productpage 的 Pod 并查看每个副本的两个容器，其中，一个容器是微服务本身，另一个容器是连接到微服务的 Sidecar 代理。

```
[root@master KylinMesh]# kubectl get pods
NAME                              READY   STATUS    RESTARTS   AGE
details-v1-79f774bdb9-llmf7       1/1     Running   0          13m
productpage-v1-7d4687d7d4-fnfp8   2/2     Running   0          20s
ratings-v1-b6994bb9-lk4gw         1/1     Running   0          13m
reviews-v1-545db77b95-nr8sw       1/1     Running   0          13m
```

Kubernetes 采取无侵入和逐步滚动更新的方式启用 Istio 的 Pod 替换原有的 Pod。Kubernetes 只有在新的 Pod 开始运行时才会终止原有的 Pod 的运行。Kubernetes 透明地将流量一个一个地转移到新的 Pod 上。也就是说，Kubernetes 不会在声明一个新的 Pod 之前结束运行一个或一个以上的 Pod。这些操作都是为了防止破坏应用，使在注入 Istio 的过程中应用能够持续工作。

在浏览器上登录 Grafana。Grafana 主界面如图 3-11 所示。

选择左侧导航栏中的"Dashboards"→"Browse"选项，进入如图 3-12 所示的 Dashboards 管理界面，选择"Istio Mesh Dashboard"选项，打开 Istio Mesh Dashboard 仪表盘，如图 3-13 所示。

切换到 Istio Service Dashboard 仪表盘，在"Service"中选择"productpage"选项，如图 3-14 所示。

图 3-11　Grafana 主界面

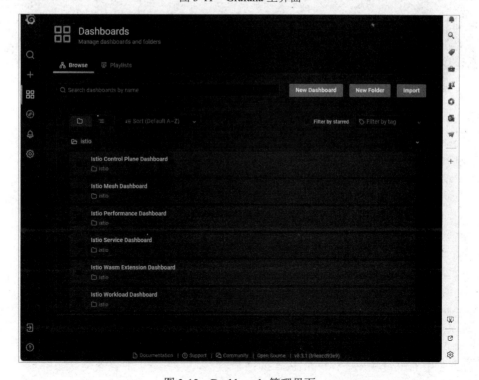

图 3-12　Dashboards 管理界面

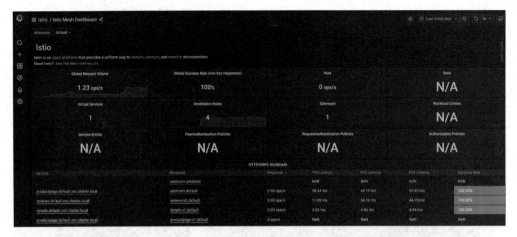

图 3-13　Istio Mesh Dashboard 仪表盘 1

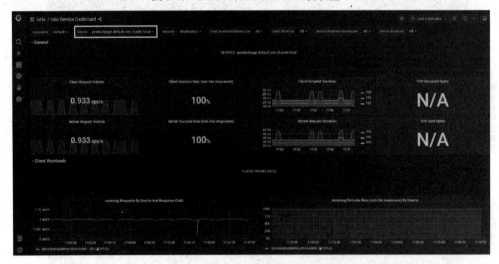

图 3-14　Istio Service Dashboard 仪表盘

2）在所有微服务中启用 Istio

```
[root@master KylinMesh]# cat bookinfo/bookinfo.yaml | istioctl kube-inject -f - | kubectl apply -l
app!=productpage -f -
service/details unchanged
serviceaccount/bookinfo-details unchanged
deployment.apps/details-v1 configured
service/ratings unchanged
serviceaccount/bookinfo-ratings unchanged
deployment.apps/ratings-v1 configured
service/reviews unchanged
serviceaccount/bookinfo-reviews unchanged
deployment.apps/reviews-v1 configured
serviceaccount/bookinfo-productpage unchanged
```

检查应用的 Pod，并查看每个 Pod 的两个容器，其中，一个容器是微服务本身，另一个容器是连接到微服务的 Sidecar 代理。

```
[root@master KylinMesh]# kubectl get pods
NAME                               READY    STATUS    RESTARTS    AGE
details-v1-d858857b7-rknkm         2/2      Running   0           68s
productpage-v1-7d4687d7d4-fnfp8    2/2      Running   0           8m31s
ratings-v1-795f99b8ff-qxkc9        2/2      Running   0           68s
reviews-v1-69657d9b9b-zwvws        2/2      Running   0           68s
```

再次查看 Istio Mesh Dashboard 仪表盘，会发现当前 Namespace 的所有服务都已出现在服务列表中，如图 3-15 所示。

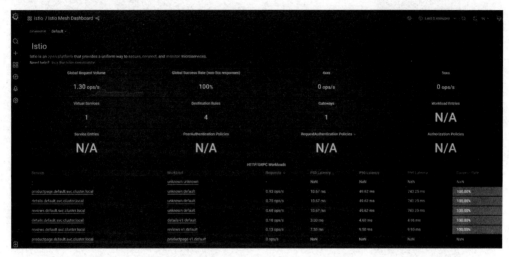

图 3-15 Istio Mesh Dashboard 仪表盘 2

访问 Kiali 控制台，如图 3-16 所示。

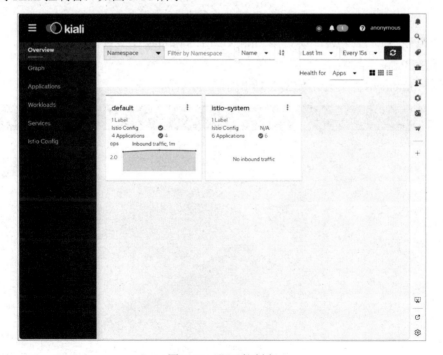

图 3-16 Kiali 控制台

通过可视化界面来查看应用的拓扑结构。单击"Graph"按钮，在"Namespace"下拉列表中选择"default"选项，在"Display"下拉列表中勾选"Traffic Animation"复选框和"Idle Nodes"复选框，即可观看实时流量动画，如图 3-17 所示。

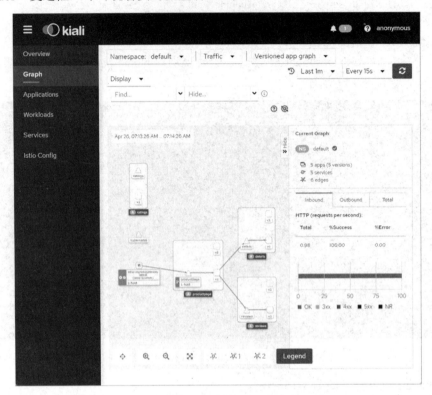

图 3-17　观看实时流量动画

因为 v1 版本的 reviews 不会调用 ratings，所以 ratings 无流量通过。

3）监控 Istio

访问 Prometheus 控制台，如图 3-18 所示。

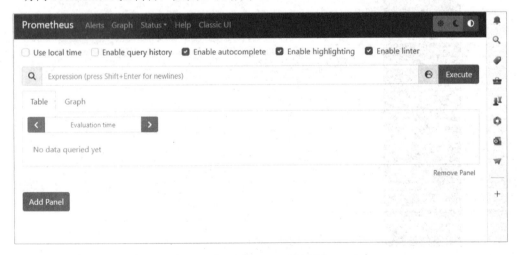

图 3-18　Prometheus 控制台

输入要查询的参数，单击"Execute"按钮，即可在 Prometheus 控制台中查询结果。在查询请求时，采用 istio_requests_total 指标，这是一个标准的 Istio 指标。

查询 Namespace 的所有请求，即 istio_requests_total{destination_service_namespace="default", reporter="destination"}，如图 3-19 所示。

图 3-19　查询 Namespace 的所有请求

查询 reviews 的所有请求，即 istio_requests_total{destination_service_namespace="default", reporter="destination",destination_service_name="reviews"}，如图 3-20 所示。

图 3-20　查询 reviews 的所有请求

 任务 3.3　灰度发布和服务治理

1．任务描述

本任务旨在帮助读者掌握如何在银河麒麟服务器操作系统上进行灰度发布和服务治理，包括如何部署新版本服务、如何请求路由、如何进行流量转移、如何进行流量镜像，以及如何进行分布式追踪。这将涉及配置 Istio 的 VirtualService 和 DestinationRule。本任务还将帮助读者学习如何使用 Istio 的流量镜像功能。通过配置流量镜像，读者可以将一部分流量复制到另一个服务或工具中进行分析和监控，以评估新版本的性能和稳定性。此外，本任务还将帮助读者学习如何使用 Istio 的分布式追踪功能监控和分析应用的请求链路。通过使用 Istio 的分布式追踪组件，读者可以了解请求在不同微服务之间的传递情况，以便进行故障排查和性能优化。

通过本任务的学习，读者将获得在银河麒麟服务器操作系统上进行灰度发布和服务治理的实践经验，为实现平滑的应用更新和流量控制奠定基础。此外，读者将能够理解和应用 Istio 的灰度发布功能，实现对应用流量的精确控制和监控，从而提高应用的可靠性。

2. 任务分析

1）规划节点

使用银河麒麟服务器操作系统规划节点，如表 3-4 所示。

表 3-4　规划节点

IP 地址	主机名	节点
192.168.111.10	Master	Kylin 服务器控制节点
192.168.111.11	Worker	Kylin 服务器工作节点

2）基础准备

使用本地 PC 环境下的 VMware Workstation 进行实操练习，使用 Kylin-Server-10-SP2-Release-Build09-20210524-x86_64.iso 镜像文件，将主机类型设置为 4vcpu、8GB 内存、100GB 磁盘；使用 NAT 网络模式，将 Master 节点的 IP 地址设置为 192.168.111.10，将 Worker 节点的 IP 地址设置为 192.168.111.11，将网关的 IP 地址设置为 192.168.111.254，将主机设置密码为 Kylin2023，自行为虚拟机配置 IP 地址，安装 Kubernetes 服务，关闭 SELinux 和防火墙服务，并按照任务 3.1 任务实施中的操作步骤完成 Bookinfo 应用的部署，按照任务 3.2 任务实施中的操作步骤完成 Istio 流量管理的启用。

3. 任务实施

1）部署新版本服务

将 v2 版本、v3 版本的 reviews 部署到集群中，这两个版本的 reviews 均为单一副本。新版本的 reviews 可以正常工作后，实际生产流量将开始到达该服务。在当前设置下，其中 50%的流量将到达旧版本的 Pod 中，另外 50%的流量将到达新版本的 Pod 中。

部署 v2 版本的 reviews 并启用 Istio。

```
[root@master KylinMesh]# cat bookinfo/reviews-v2.yaml | istioctl kube-inject -f - | kubectl apply -f -
deployment.apps/reviews-v2 created
[root@master KylinMesh]# cat bookinfo/reviews-v3.yaml | istioctl kube-inject -f - | kubectl apply -f -
deployment.apps/reviews-v3 created
```

查看 Pod。

```
[root@master KylinMesh]# kubectl get pods
NAME                              READY    STATUS     RESTARTS    AGE
details-v1-d858857b7-rknkm        2/2      Running    0           11m
productpage-v1-7d4687d7d4-fnfp8   2/2      Running    0           19m
ratings-v1-795f99b8ff-qxkc9       2/2      Running    0           11m
reviews-v1-69657d9b9b-zwvws       2/2      Running    0           11m
```

| reviews-v2-5549c4857-2nrgl | 2/2 | Running | 0 | 32s |
| reviews-v3-79bb8c6546-95cl4 | 2/2 | Running | 0 | 20s |

访问 Bookinfo 应用主界面，如图 3-21 所示。

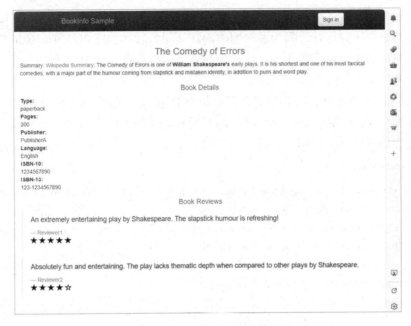

图 3-21 Bookinfo 应用主界面

观察评级中的五角星会发现，返回的界面中有时带有黑色五角星（v2 版本、大约三分之一的时间），有时带有红色五角星（v3 版本、大约三分之一的时间），有时不带五角星（v1 版本、大约三分之一的时间），这是因为没有明确的默认服务版本和路由，Istio 将以轮询的方式将请求路由到所有可用版本中。因此，3 种评分结果出现的概率均为三分之一。

查看实时流量监控数据，如图 3-22 所示。

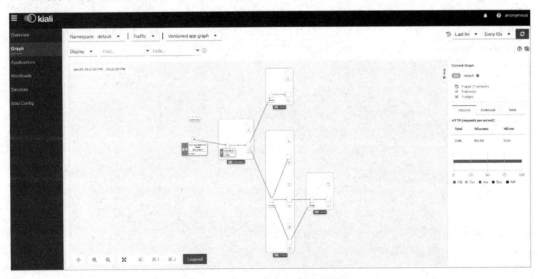

图 3-22 查看实时流量监控数据 1

可以看到，v2 版本、v3 版本的 reviews 已正常工作，因为 v2 版本、v3 版本的 reviews 会调用 ratings，所以 ratings 也有流量通过。

2）请求路由

Bookinfo 应用包含 4 个独立的微服务，每个微服务都有多个版本。其中 reviews 的 3 个版本已经被部署并同时运行。因为没有明确的默认服务版本和路由，所以 Istio 将以轮询的方式将请求路由到所有可用版本中。这样将导致在浏览器中访问 Bookinfo 应用时，输出结果中有时包含评分，有时不包含评分。

在 Kubernetes 中控制流量分配需要调整每个 Deployment 的副本数量。例如，将 10% 的流量发送到 v2 版本的副本中，可以设置 v1 版本、v2 版本的副本比例为 9∶1。由于启用 Istio 后不需要再保持副本比例，因此可以通过安全地设置 Horizontal Pod Autoscaler 来管理 3 个版本的 Deployment 的副本。

```
[root@master KylinMesh]# kubectl autoscale deployment reviews-v1 --cpu-percent=50 --min=1 --max=10
horizontalpodautoscaler.autoscaling/reviews-v1 autoscaled
[root@master KylinMesh]# kubectl autoscale deployment reviews-v2 --cpu-percent=50 --min=1 --max=10
horizontalpodautoscaler.autoscaling/reviews-v2 autoscaled
[root@master KylinMesh]# kubectl autoscale deployment reviews-v3 --cpu-percent=50 --min=1 --max=10
horizontalpodautoscaler.autoscaling/reviews-v3 autoscaled
```

假设仅路由到 1 个版本的副本中，要为微服务设置默认版本的 VirtualService。在这种情况下，VirtualService 将所有流量路由到每个 v1 版本的微服务中。

默认请求路由配置文件如下。

```
[root@master KylinMesh]# vi virtual-service-all-v1.yaml
apiVersion: networking.istio.io/v1alpha3
kind: VirtualService
metadata:
  name: productpage
spec:
  hosts:
  - productpage
  http:
  - route:
    - destination:
        host: productpage
        subset: v1
---
apiVersion: networking.istio.io/v1alpha3
kind: VirtualService
metadata:
  name: reviews
spec:
  hosts:
  - reviews
```

```
http:
- route:
  - destination:
      host: reviews
      subset: v1
---
apiVersion: networking.istio.io/v1alpha3
kind: VirtualService
metadata:
  name: ratings
spec:
  hosts:
  - ratings
  http:
  - route:
    - destination:
        host: ratings
        subset: v1
---
apiVersion: networking.istio.io/v1alpha3
kind: VirtualService
metadata:
  name: details
spec:
  hosts:
  - details
  http:
  - route:
    - destination:
        host: details
        subset: v1
```

配置默认请求路由。

```
[root@master KylinMesh]# kubectl apply -f virtual-service-all-v1.yaml
virtualservice.networking.istio.io/productpage created
virtualservice.networking.istio.io/reviews created
virtualservice.networking.istio.io/ratings created
virtualservice.networking.istio.io/details created
```

现在已将 Istio 配置为路由到 v1 版本的微服务中，其中十分重要的是 v1 版本的 reviews。
在浏览器中打开 Bookinfo 站点，如图 3-23 所示。

此时，无论刷新多少次，界面中的评分部分都不会显示评级中的五角星。这是因为 Istio
被配置为将评分服务的所有流量路由到 v1 版本的 reviews 中，而此版本不调用评分服务。

查看实时流量监控数据，也可以看到此时无流量流向 v2 版本和 v3 版本的副本中，如
图 3-24 所示。

图 3-23　Bookinfo 站点 1

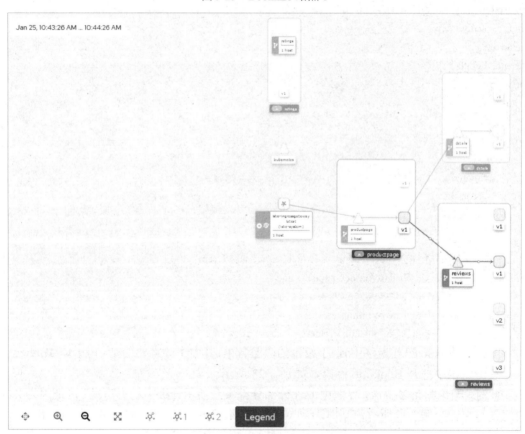

图 3-24　查看实时流量监控数据 2

3）流量转移

使用下面的命令把 50%的流量从 v1 版本的 reviews 中转移到 v3 版本（金丝雀版本）的 reviews 中。

```
[root@master KylinMesh]# vi virtual-service-reviews-50-50.yaml
apiVersion: networking.istio.io/v1alpha3
kind: VirtualService
metadata:
  name: reviews
spec:
  hosts:
    - reviews
  http:
  - route:
    - destination:
        host: reviews
        subset: v1
      weight: 50
    - destination:
        host: reviews
        subset: v3
      weight: 50
[root@master KylinMesh]# kubectl apply -f virtual-service-reviews-50-50.yaml
virtualservice.networking.istio.io/reviews configured
```

规则设置生效后，不管每个 reviews 的版本的运行副本数量是多少，Istio 都将确保只有 50%的请求被发送到金丝雀版本中。

刷新浏览器中的/productpage 界面，因为 v3 版本的 reviews 可以访问评价服务，而 v1 版本的 reviews 不能访问评价服务，所以大约有 50%的概率会看到界面中带有红色五角星的评价内容。在浏览器中打开 Bookinfo 站点，如图 3-25 所示。

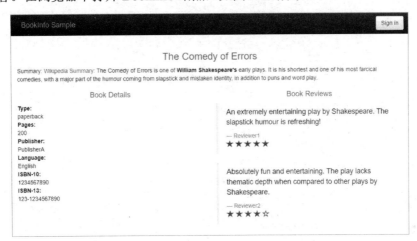

图 3-25 Bookinfo 站点 2

在 Kiali 控制台上查看实时流量监控数据，可以看到流量已经流向了 v3 版本的 reviews 中，如图 3-26 所示。

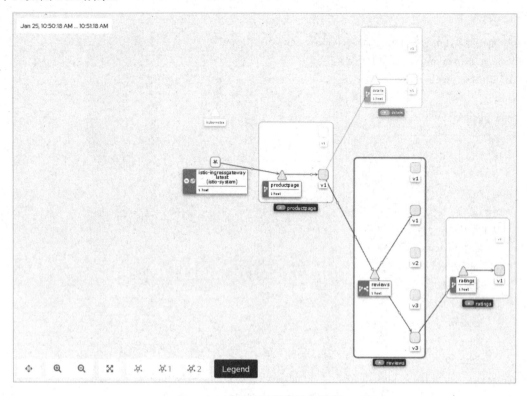

图 3-26　查看实时流量监控数据 3

单击 productpage 和 reviews 之间的连线，在右侧可以看到每秒发送到 reviews 中的 HTTP 请求的数量为 0.96，如图 3-27 所示。

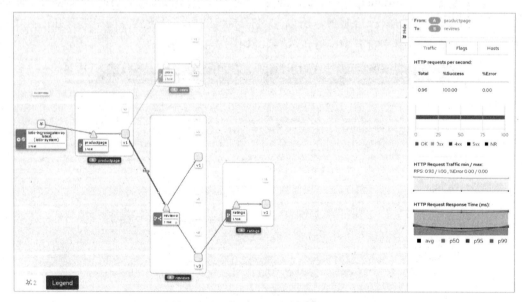

图 3-27　查看实时流量监控数据 4

单击 reviews 和 reviews 的 v1 版本之间的连线，可以看到 reviews 的 v1 版本每秒接收到的 HTTP 请求的数量为 0.49，如图 3-28 所示。

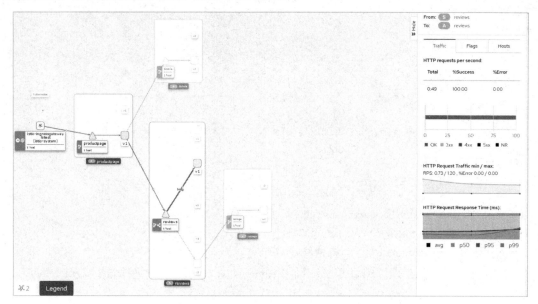

图 3-28　查看实时流量监控数据 5

单击 reviews 和 reviews 的 v3 版本之间的连线，可以看到 reviews 的 v3 版本每秒接收到的 HTTP 请求的数量为 0.51，如图 3-29 所示。

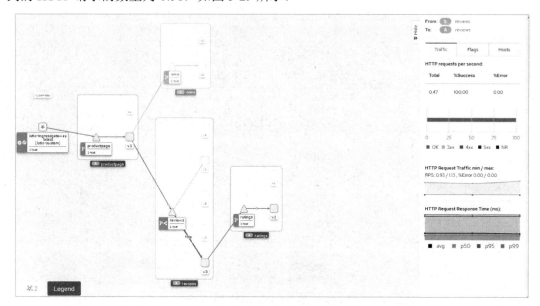

图 3-29　查看实时流量监控数据 6

此时，各有 50%的流量流向了 v1 版本的 reviews 和 v3 版本的 reviews，路由规则应用成功。如果 v3 版本的 reviews 已经稳定，那么可以通过应用 VirtualService 规则来将 100%的流量路由到 v3 版本的 reviews 中。

```
[root@master KylinMesh]# vi virtual-service-reviews-v3.yaml
apiVersion: networking.istio.io/v1alpha3
kind: VirtualService
metadata:
  name: reviews
spec:
  hosts:
    - reviews
  http:
  - route:
    - destination:
        host: reviews
        subset: v3
[root@master KylinMesh]# kubectl apply -f virtual-service-reviews-v3.yaml
virtualservice.networking.istio.io/reviews configured
```

再次刷新/productpage 界面，将始终看到带有红色五角星的书评。

查看实时流量会发现，流量全部流向了 reviews 的 v3 版本，如图 3-30 所示。

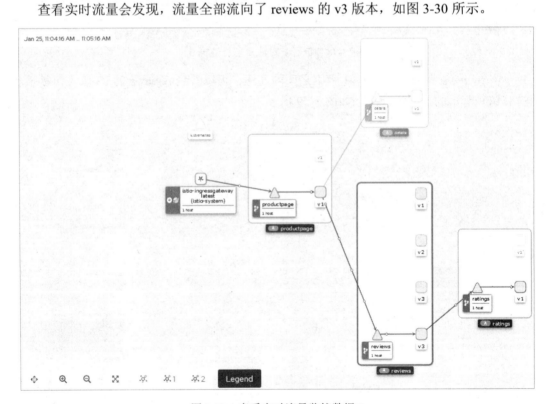

图 3-30　查看实时流量监控数据 7

4）流量镜像

流量镜像，也称影子流量，是一个以尽可能低的风险为生产带来变化的强大功能。流量镜像会将实时流量的副本发送到镜像服务中。流量镜像发生在主服务的关键请求路径之外。

初始化默认路由规则，将所有流量路由到 v1 版本的微服务中。

```
[root@master KylinMesh]# kubectl apply -f virtual-service-all-v1.yaml
virtualservice.networking.istio.io/productpage unchanged
virtualservice.networking.istio.io/reviews configured
virtualservice.networking.istio.io/ratings unchanged
virtualservice.networking.istio.io/details unchanged
```

改变 reviews 的流量规则，将 v1 版本的 reviews 的流量镜像到 v2 版本的 reviews 中。

```
[root@master KylinMesh]# vi virtual-service-mirroring.yaml
apiVersion: networking.istio.io/v1alpha3
kind: VirtualService
metadata:
  name: reviews
spec:
  hosts:
    - reviews
  http:
  - route:
    - destination:
        host: reviews
        subset: v1
      weight: 100
    mirror:
        host: reviews
        subset: v2
[root@master KylinMesh]# kubectl apply -f virtual-service-mirroring.yaml
virtualservice.networking.istio.io/reviews configured
```

5）分布式追踪

分布式追踪可以让用户对跨多个分布式 ServiceMesh 的一个请求进行追踪与分析。这样可以通过可视化的方式更加深入地了解请求的延迟、序列化和并行度。

基于 Envoy 代理的分布式追踪功能，Istio 提供了"开箱即用"的追踪集成功能。确切地说，Istio 提供了安装各种追踪后端服务的选项，且通过配置代理来自动发送追踪信息给追踪后端服务。

Jaeger 控制台如图 3-31 所示。

在左侧的"Service"下拉列表中选择"productpage.default"选项，单击"Find Traces"按钮，如图 3-32 所示。

选择界面最上方的最近一次追踪，查看对应的最近一次访问/productpage 界面的详细信息，如图 3-33 所示。

追踪信息由一组 Span 组成，每个 Span 都对应一个 Service。这些 Service 在执行/productpage 界面的请求时被调用，也可能是 Istio 内部组件。

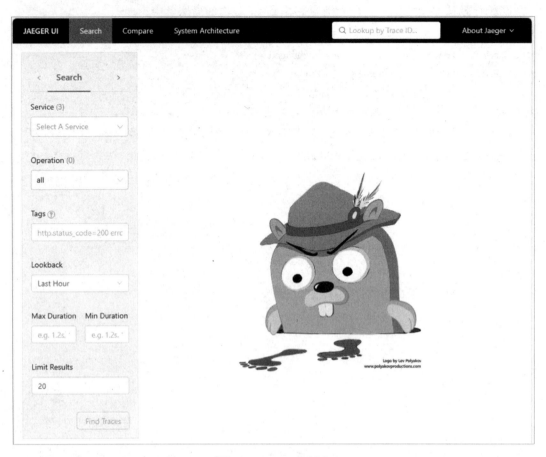

图 3-31　Jaeger 控制台

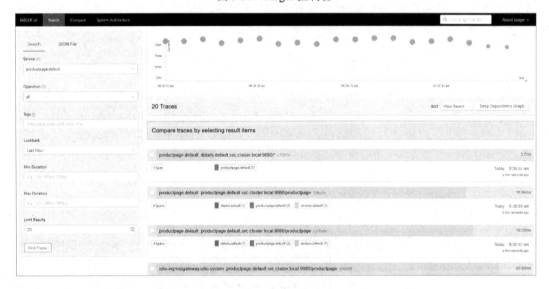

图 3-32　Jaeger 链路追踪 1

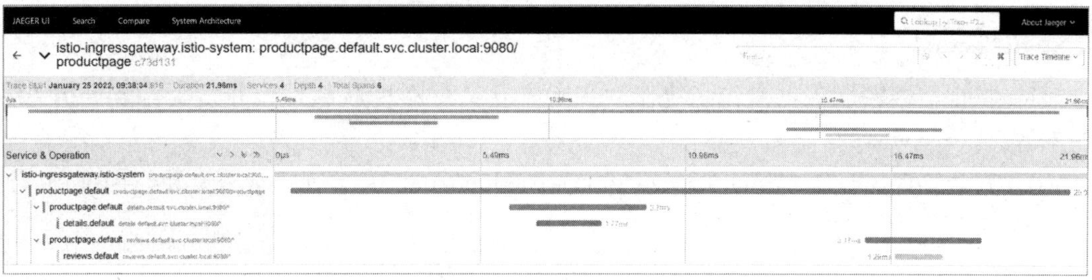

图 3-33　Jaeger 链路追踪 2

项目小结

　　本项目主要介绍了网络服务概述、Istio 架构、服务治理、ServiceMesh 的功能。ServiceMesh 是微服务架构中重要的基础设施层，可以帮助开发者更加专注于业务逻辑，并实现快速开发和部署。ServiceMesh 通过提供高级路由、负载均衡、安全性和可观测性等功能来解决微服务架构中的复杂问题。

　　本项目中任务的内容包括部署 Bookinfo 应用、启用 Istio 流量管理，以及灰度发布和服务治理等。通过学习本项目，相信读者可以在银河麒麟服务器操作系统上成功部署和管理 Bookinfo 应用，进而提高应用的可靠性，同时提高自身流量管理和控制能力。

课后练习

　　1．（单选题）在 Istio 中，用于配置请求路由和流量管理的组件是（　　）。

　　　A．Pilot

　　　B．Mixer

　　　C．Citadel

　　　D．Galley

　　2．（单选题）在灰度发布中，流量转移是指（　　）。

　　　A．将流量从一个服务版本中转移到另一个服务版本中

　　　B．将流量从一个服务中转移到另一个服务中

　　　C．将流量从一个 Namespace 中转移到另一个 Namespace 中

　　　D．将流量从一个集群中转移到另一个集群中

　　3．（多选题）在银河麒麟服务器操作系统上安装 Istio 时，需要设置的环境变量包括（　　）。

　　　A．ISTIO_HOME

　　　B．PATH

　　　C．ISTIO_VERSION

　　　D．ISTIO_CONFIG

　　4．（判断题）Istio 是一个用于管理和控制微服务架构的开源平台。　　（　　）

实训练习

1．将银河麒麟服务器操作系统作为实操环境，安装 Istio 软件包并完成 Bookinfo 应用的部署。

2．流量管理：创建 VirtualService 和 DestinationRule，并进行流量分发和路由规则限制等配置。

项目 4

KubeEdge 边缘计算

项目描述

　　随着信息时代的快速发展，边缘计算成了解决大数据、物联网和人工智能等领域所面临的问题的重要手段。为了帮助读者深入了解边缘计算，并能够将其熟练应用于实际的项目中，本项目将详细介绍边缘计算概述，边缘计算、云计算、雾计算的区别，KubeEdge 概述，以及 KubeEdge 的主要组件与工作流程。此外，本项目中的任务还将介绍搭建 KubeEdge 边缘计算环境、部署 KubeEdge 管理平台、部署云端应用及边缘端应用的内容。通过学习本项目，读者将能够全面了解边缘计算的原理和应用，并在实际项目中灵活应用边缘计算。

1．知识目标

（1）了解边缘计算的概念、作用。

（2）了解边缘计算、云计算和雾计算的区别。

（3）掌握 KubeEdge 的功能。

（4）理解 KubeEdge 的工作流程。

2．能力目标

（1）能够理解并解释边缘计算的概念和优势。

（2）能够区分边缘计算、云计算和雾计算。

（3）能够搭建 KubeEdge 边缘计算环境。

（4）能够部署 KubeEdge 管理平台。

（5）能够部署云端应用及边缘端应用。

3．素养目标

（1）具备分析问题和解决问题的能力。

（2）具备良好的学习和探索的能力。

（3）具备实际动手操作与团队合作的能力。

（4）具备对边缘计算的创新意识和应用能力。

任务分解

本项目旨在帮助读者掌握如何搭建 KubeEdge 边缘计算环境。为了方便读者学习，本项目中的任务被分解为 3 个，内容从在边缘设备上安装和配置适配的操作系统、Docker 引擎和 Kubernetes 集群工具，确保边缘节点（EdgeNode）和云端集群正常连接；先到下载核心组件并配置 EdgeController、EdgeCore 和 EdgeDevice，部署 KubeEdge 管理平台，并验证其功能；再到将云端应用及边缘端应用部署到相应的环境中，并确保其正确运行，循序渐进。这样读者将能够全面了解 KubeEdge 边缘计算，并能够将其灵活应用于实际项目中。任务分解如表 4-1 所示。

表 4-1　任务分解

任务名称	任务目标	任务学时
任务 4.1 搭建 KubeEdge 边缘计算环境	能够搭建 KubeEdge 边缘计算环境	3
任务 4.2 部署 KubeEdge 管理平台	能够部署 KubeEdge 管理平台	3
任务 4.3 部署云端应用及边缘端应用	能够部署云端应用及边缘端应用	4
总计		10

知识准备

1. 边缘计算概述

1）边缘计算的概念

边缘计算是一种分布式计算模型，将数据处理和存储功能推向距数据源较近的边缘设备，通过融合网络、计算、存储、应用核心能力的分布式开放平台，就近提供边缘智能服务，而非依赖传统的云计算模式。简单来说，边缘计算强调将计算和存储资源尽可能地靠近数据产生的地方，如路由器、交换机、智能手机、传感器、摄像头等，以实现更低的延迟、更可靠的网络连接和更高的带宽利用率，无须将数据传输至云端数据处理中心。

OpenStack 社区对边缘计算的定义同样是："边缘计算是为应用开发者和服务提供商在网络的边缘端提供的云服务和 IT 环境服务，目标是在靠近数据输入或用户的地方提供计算、存储和网络带宽。"

2）使用边缘计算的原因

通俗来讲，边缘计算本质上是一种服务，类似于云计算、大数据的服务。与它们的不同之处在于，边缘计算这种服务是非常接近用户的。为什么这种服务那么接近用户呢？答案非常简单，就是为了让用户在使用中有较强的体验，这种体验会让用户觉得自己查看什么内容都是非常快的。

3）边缘计算解决的背景及边缘计算架构

随着物联网的快速发展，越来越多具备独立功能的普通物体实现了互联互通。得益于物联网的转型，各行各业均在利用物联网快速实现数字化转型，越来越多的行业终端通过网络连接起来。

然而，物联网作为庞大且复杂的系统，在不同行业，应用场景各异。根据第三方机构统计结果可知，到 2025 年将有超过千亿个终端联网，终端数据量将达 300ZB。如此大规模的数据量，如果按照传统数据处理方式，那么获取的所有数据均需被上传到云计算中心上进行分析，云计算中心将面临网络时延高、海量设备接入、海量数据处理难、带宽不够和功耗过高等高难度问题。

为了解决在传统数据处理方式下的数据实时分析能力匮乏等问题，边缘计算应运而生。举一个现实中的案例，大多数人都遇到过手机 App 出现"无法访问错误"的情况，这样的错误就和网络状况、云服务器带宽限制有关。由于资源条件的限制，云计算服务不可避免地会受到网络不稳定带来的影响，但是通过将部分或全部处理程序迁移至靠近用户或数据的收集点，使用边缘计算能够大大减少在 CloudHub 模式下站点对应用产生的影响。

边缘计算架构如图 4-1 所示。

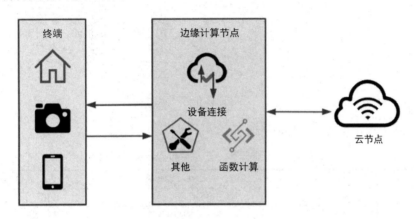

图 4-1　边缘计算架构

边缘计算的核心是在靠近物体或数据源的一侧提供计算、存储和应用服务，这与雾计算将计算和分析能力扩展至网络的边缘端的定义非常接近。

2. 边缘计算、云计算和雾计算的区别

边缘计算的概念是相对于云计算而言的，云计算的处理方式是将所有数据上传到计算资源集中的云端数据中心处理，任何需要访问该信息的请求都必须被上传到云端数据中心。因此，在物联网数据量爆发的时代，云计算的弊端凸显。

（1）传统的云计算模式无法满足爆发式的海量数据处理需求。

随着互联网与各个行业的融合，特别是在物联网普及后，计算需求出现爆发式增长，传统的云计算模式无法满足如此庞大的计算需求。

（2）云计算不能满足数据实时处理诉求。

在传统的云计算模式下，终端采集物联网数据后要先将采集的数据传输至云计算中心，再通过集群计算返回结果，这必然会出现较长的响应时间，但一些新兴的应用场景（无人驾驶、智慧矿山等）对响应时间有极高的要求，依赖云计算并不现实。

边缘计算的出现，可以在一定程度上解决云计算遇到的上述问题。如图 4-2 所示，终端产生的数据不需要被传输至遥远的云端数据中心处理，而可以就近在网络的边缘端处理。相较于云计算，边缘计算更加高效和安全。

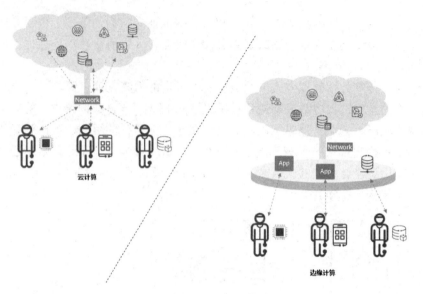

图 4-2　边缘计算和云计算的对比

边缘计算、云计算和雾计算的区别如表 4-2 所示。

表 4-2　边缘计算、云计算和雾计算的区别

特性	云计算	雾计算	边缘计算
计算方式	集中式	去中心化	去中心化
计算地点	远离终端	靠近终端或网关	靠近终端或网关
时延	高	低	低
安全性	取决于需要采取什么措施	较高	较高
数据存储	存储所有信息	仅向云端发送结果和数据	仅向云端发送结果和数据
部署成本	高	低	低

3. KubeEdge 概述

1）KubeEdge 的概念

KubeEdge 是一个开源项目，将 Kubernetes 扩展到边缘计算环境中。边缘计算是一种将计算和数据处理能力推进到数据源的计算模式，用于快速地响应本地事件和降低数据传输到云数据中心的延迟。

KubeEdge 的设计目标是在边缘设备和云之间提供一致的编程和管理模型，从而使开发者能够以类似于在云中运行应用的方式来开发和部署边缘端应用。KubeEdge 提供了一个边缘节点运行时的环境，该环境在边缘设备上运行，并与云端的 Kubernetes 集群通信和协同工作。

使用 KubeEdge，可以很容易地将已有的复杂机器学习、图像识别、事件处理和其他高级应用部署到边缘端并使用它们。随着业务逻辑在边缘端运行，可以在本地处理大量数据。通过在边缘端处理数据，响应速度会显著提高，并可以更好地保护数据隐私。

2）KubeEdge 架构

KubeEdge 架构由云端和边缘端两部分组成，它们通过消息总线和控制平面相互连接。云端包括 Kubernetes 集群和云控制器，边缘端包括边缘节点和边缘代理，如图 4-3 所示。

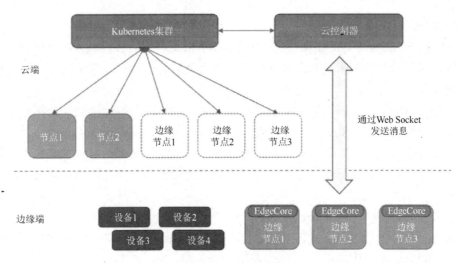

图 4-3　KubeEdge 架构

3）KubeEdge 的功能

KubeEdge 用于为边缘计算提供一个弹性、高效且可扩展的解决方案，同时与 Kubernetes 生态系统紧密集成，以便开发者能够充分利用 Kubernetes 的优势和工具来开发、管理边缘端应用。

（1）边缘节点管理。KubeEdge 允许在边缘设备上运行 Kubernetes 节点，以便在边缘设备上调度和运行容器化应用。

（2）边缘设备注册。边缘设备可以被注册到云端的 Kubernetes 集群中，从而与云端进行连接和通信。

（3）边缘端和云端之间的数据同步。KubeEdge 提供了一种机制，可以在边缘端和云端之间进行数据同步，以便在边缘设备上进行本地处理和分析。

（4）边缘设备状态管理。KubeEdge 允许在云端管理和监控边缘设备的状态及健康状况，以便进行集中管理和故障排除。

（5）本地边缘规则执行。KubeEdge 支持在边缘设备上执行本地边缘规则，而无须依赖云端的决策。

4．KubeEdge 的主要组件与工作流程

1）KubeEdge 的主要组件

KubeEdge 由多个组件组成，每个组件负责不同的功能。以下是 KubeEdge 的主要组件。

（1）EdgeCore（边缘核心）：KubeEdge 的核心组件，运行在边缘节点上。它负责边缘节点的生命周期管理、与云端通信和协调管理、容器运行时管理等。EdgeCore 将边缘节点连接到云端的 Kubernetes 控制平面上，以实现边缘端和云端的集成与交互。

（2）EdgeHub（边缘中心）：边缘节点上的消息中间件。它负责边缘端和云端之间的消息传递与通信，处理设备和应用之间交换的数据，支持设备状态的上报和命令的下发，并支持 MQTT 和 HTTP。

（3）Edge Device Controller（边缘设备控制器）：管理边缘设备，包括设备的注册、状态的监控、Device Shadow（设备影子）的管理等。它提供设备管理的 API，以使开发者能

够与边缘设备进行交互和控制。

（4）Edge Function（边缘函数）：允许在边缘节点上运行函数式服务，以便在本地处理数据和执行特定的业务逻辑。它支持在边缘节点上部署、运行和管理函数，实现边缘计算的本地处理能力。

（5）Edge Mesh（边缘网络）：提供边缘节点之间的网络互联，形成一个拓扑结构。它通过构建虚拟网络和路由机制，实现边缘节点之间的通信和数据的交换。

（6）Edge Sync（边缘数据同步）：在边缘设备和云端之间进行数据同步。它支持将云端的应用、配置文件和资源同步到边缘设备上，并将边缘设备上的数据同步回云端，进行分析和处理。

这些组件共同工作，为 KubeEdge 提供一个完整的边缘计算解决方案，将边缘设备和云端的 Kubernetes 集群进行集成，并支持在边缘计算环境中进行应用的开发、部署和管理。

2）KubeEdge 的工作流程

KubeEdge 的工作流程如图 4-4 所示。

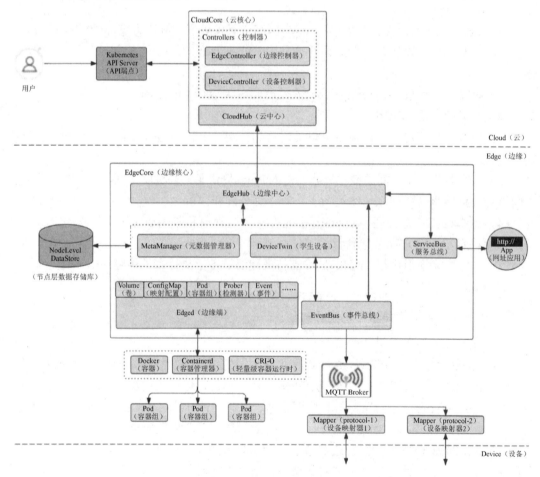

图 4-4　KubeEdge 的工作流程

云端部分工作如下。

（1）CloudHub：WebSocket 服务器，用于在云端观察更改信息，缓存并向 EdgeHub 发送消息。

（2）EdgeController：Kubernetes 控制器，用于管理边缘节点和云端的数据，以便将数据定向到特定的边缘节点上。

（3）DeviceController：Kubernetes 控制器，用于管理设备，以便在边缘端和云端之间同步设备元数据或状态数据。

（4）SyncController：Kubernetes 控制器，用于将 ObjectSyncs 指定的资源触发依次同步，是 KubeEdge 1.2.1 中新增的控制器。

目前，KubeEdge 提供了 4 种自定义资源定义：ClusterObjectSyncs（集群级别的对象同步）、ObjectSyncs Namespace（命名空间级别的对象同步）、Device（设备）和 DeviceModel（设备模板），对应了 2 个控制器：SyncController 和 DeviceController。

边缘端部分工作如下。

（1）EdgeHub：WebSocket 客户端，负责与云端进行交互，包括将云资源更新同步到边缘端，并将边缘主机和设备状态更改、报告给云端。

（2）Edged：在边缘节点上运行并管理容器化应用的代理，类似于 Kubelet，增加了 Secret 等资源的缓存。

（3）EventBus：与 MQTT 服务器进行交互的客户端，提供对其他组件的发布和订阅功能。

（4）ServiceBus：与 HTTP 服务器进行交互的客户端，提供了对云组件的 HTTP 客户端功能，以访问在边缘端运行的 HTTP 服务器，提供的是服务暴露功能。

（5）DeviceTwin：负责存储设备状态并将设备状态同步到云端。此外，它还为应用提供查询接口。

（6）MetaManager：边缘端和 EdgeHub 之间的消息处理器。此外，它还负责将元数据存储到轻量级数据库中或从中检索出元数据。

任务 4.1　搭建 KubeEdge 边缘计算环境

1．任务描述

本任务旨在帮助读者快速搭建 KubeEdge 边缘计算环境，为接下来的部署云端应用及边缘端应用做好准备。本任务的内容为配置云端节点与边缘节点的基础环境并确保节点互通。通过学习本任务，读者将具备搭建可靠且高效的边缘计算环境的能力。此外，读者将具备在银河麒麟服务器操作系统上搭建 KubeEdge 边缘计算环境的实践经验，为之后开展边缘计算奠定基础。这将使读者更好地理解和应用 KubeEdge 的功能，实现边缘计算的数据同步、任务调度和应用部署，提升应用的可靠性。

2．任务分析

1）规划节点

使用银河麒麟服务器操作系统规划节点，如表 4-3 所示。

表 4-3　规划节点

IP 地址	主机名	节点
192.168.111.10	Master	Kylin 服务器控制节点
192.168.111.11	kubeedge-node	KubeEdge 工作节点

2）基础准备

使用本地 PC 环境下的 VMware Workstation 进行实操练习，将 Master 节点的 IP 地址设置为 192.168.111.10，使用 Kylin-Server-10-SP2-Release-Build09-20210524-x86_64.iso 镜像文件，将主机类型设置为 4vcpu、8GB 内存、100GB 磁盘；将 kubeedge-node 节点的 IP 地址设置为 192.168.111.11，使用 CentOS-7-x86_64-DVD-2009.iso 镜像文件，将主机类型设置为 4vcpu、8GB 内存、100GB 磁盘；两台主机均使用 NAT 网络模式，将网关的 IP 地址设置为 192.168.111.254，将主机密码设置为 Kylin2023，自行为虚拟机配置 IP 地址，安装 Kubernetes 服务，关闭 SELinux 和防火墙服务。

3．任务实施

1）云端节点环境准备

（1）上传并挂载软件包。将软件包 Kylin_K8S.iso 上传到 Master 节点的/root 目录下。

```
[root@localhost ~]# ls
anaconda-ks.cfg   initial-setup-ks.cfg   Kylin_K8S.iso
```

挂载镜像并复制软件包 Kylin_K8S.iso 到/opt/目录下。

```
[root@localhost ~]# mount -o loop Kylin_K8S.iso /mnt/
mount: /mnt: WARNING: source write-protected, mounted read-only.
[root@localhost ~]# cp -rf /mnt/* /opt/
[root@localhost ~]# ls /opt/
cni-plugins-linux-amd64-v1.2.0.tgz    Kylin_k8s1.22.1_image.tar.gz
install                               paas-repo
```

（2）部署 Kubernetes 集群。进入/opt/目录，查看部署工具。

```
[root@localhost ~]# cd /opt/
[root@localhost opt]# ./install
请提供控制节点 IP、控制节点密码、工作节点 IP 和工作节点密码。
###########################################################
#                                                         #
#       项目名称：基于 Kylin 的 Kubernetes 一键部署脚本      #
#       作者：深圳市云汇创想信息技术有限公司                  #
#       版权所有 Yunhui_ChuangXiang(C) 2023               #
#                                                         #
###########################################################
用法: ./install [选项]
选项:
  -h,   --help                显示帮助菜单
  -c,   --control-ip          控制节点 IP
  -cp, --control-password     控制节点密码
```

| -w, --worker-ip | 工作节点 IP |
| -wp, --worker-password | 工作节点密码 |

说明：如果只有一个节点，那么无须指定工作节点 IP 和工作节点密码

此时，将会提示用户输入对应的控制节点 IP、控制节点密码、工作节点 IP 和工作节点密码。下面通过上述部署工具部署 Kubernetes 集群。

```
[root@localhost opt]# ./install -c 192.168.111.10   -cp Kylin2023
[信息] 未提供工作节点参数，执行 all-in-one 安装。
[信息] 正在部署 Kubernetes...
控制节点 IP:    192.168.111.10
控制节点密码: Kylin2023
# 下面先输入 y 代表确认信息，然后按回车键即可
请确认以上内容是否正确 (Y/N): y
...
#忽略输出
...
```

等待 5～10 分钟即可完成 Kubernetes 集群的部署。使用自动化部署工具可以大大简化和加快 Kubernetes 集群的部署过程，且不容易出错。

（3）验证 Kubernetes 集群环境。待 Kubernetes 集群部署完成后，重新登录虚拟机，如图 4-5 所示。

图 4-5 登录虚拟机

可以看到，重新登录后，节点的主机名已经自动配置好了，且自带登录提示等信息。

下面查看节点状态。

```
[root@master ~]# kubectl get nodes
NAME        STATUS     ROLES               AGE     VERSION
master      Ready      control-plane,master   10m     v1.22.1
```

2）边缘主机环境准备

打开 VMware Workstation 主界面，单击"创建新的虚拟机"按钮，如图 4-6 所示。

图 4-6　VMware Workstation 主界面

打开"新建虚拟机向导"对话框，在"欢迎使用新建虚拟机向导"界面中，选中"典型（推荐）"单选按钮，单击"下一步"按钮，如图 4-7 所示。

在"安装客户机操作系统"界面中，选中"稍后安装操作系统"单选按钮，单击"下一步"按钮，如图 4-8 所示。

图 4-7　"欢迎使用新建虚拟机向导"界面

图 4-8　"安装客户机操作系统"界面

在"选择客户机操作系统"界面中，选中"客户机操作系统"选项组中的"Linux"

单选按钮，在"版本"下拉列表中选择"CentOS 7 64 位"选项，单击"下一步"按钮，如图 4-9 所示。

　　在"命名虚拟机"界面的"虚拟机名称"文本框中，输入"kubeedge-node"，选择安装位置，单击"下一步"按钮，如图 4-10 所示。

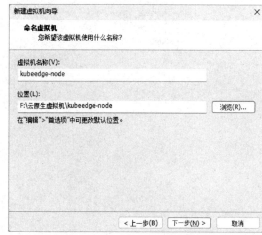

図 4-9　"选择客户机操作系统"界面　　　　　　図 4-10　"命名虚拟机"界面

　　在"指定磁盘容量"界面中，设置"最大磁盘大小（GB）"为"100.0"，选中"将虚拟磁盘存储为单个文件"单选按钮，单击"下一步"按钮，如图 4-11 所示。

　　在"已准备好创建虚拟机"界面中，单击"完成"按钮，如图 4-12 所示。

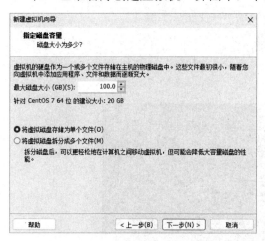

図 4-11　"指定磁盘容量"界面　　　　　　図 4-12　"已准备好创建虚拟机"界面

　　在 VMware Workstation 主界面中，选择"虚拟机"→"设置"命令，在弹出的"虚拟机设置"对话框的"硬件"选项卡中，选择左侧的"内存"选项，在右侧设置"内存"为"8192MB"；选择左侧的"处理器"选项，在右侧设置"处理器数量"和"每个处理器的内核数量"均为"2"；选择左侧的"CD/DVD（IDE）"选项，在右侧选中"使用 ISO 映像文件"单选按钮，单击"浏览"按钮，添加本任务提供的 ISO 映像文件，单击"确定"按钮，如图 4-13 所示。

图 4-13 "虚拟机设置"对话框

单击"开启此虚拟机"按钮，如图 4-14 所示。

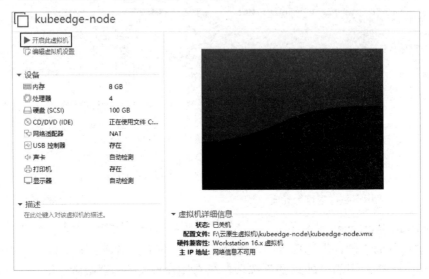

图 4-14 单击"开启此虚拟机"按钮

进入系统安装选项界面，默认选择第一个选项，按回车键，如图 4-15 所示。

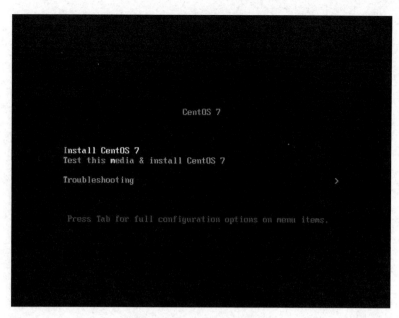

图 4-15　系统安装选项界面

在"WELCOME TO CENTOS 7."界面中，选择"English"选项，单击"Continue"按钮，如图 4-16 所示。

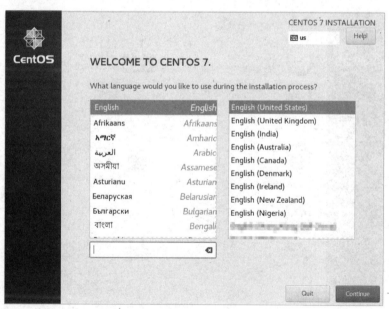

图 4-16　"WELCOME TO CENTOS 7."界面

进入"DATE&TIME"界面，选择"Region"为"Aisa"、"City"为"Shanghai"，单击左上角的"Done"按钮。

进入"INSTALLATION DESTINATION"界面，选择"VMware, VMware Virtual S sda / 100 GiB free"选项，在下方默认选中"Automatically configure partitioning"单选按钮，单击左上角的"Done"按钮，如图 4-17 所示。

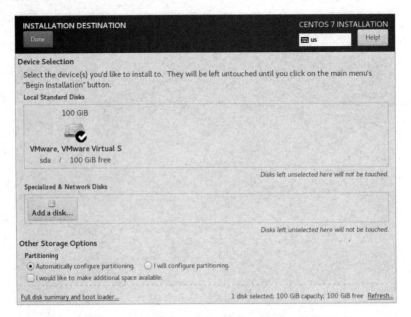

图 4-17 "INSTALLATION DESTINATION"界面

进入"INSTALLATION SUMMARY"界面，单击右下角的"Begin Installation"按钮，开始安装系统，如图 4-18 所示。

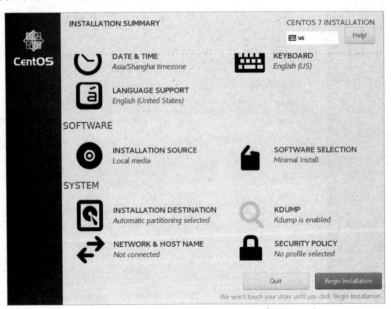

图 4-18 "INSTALLATION SUMMARY"界面

进入"ROOT PASSWORD"界面，设置"Root Password"为"Kylin2023"，单击左上角的"Done"按钮，如图 4-19 所示。

等待一段时间后，系统安装完成。在"CONFIGURATION"界面中，单击"Reboot"按钮，重启虚拟机，如图 4-20 所示。

重启虚拟机后，输入用户名及密码，完成登录。CentOS 登录界面如图 4-21 所示。

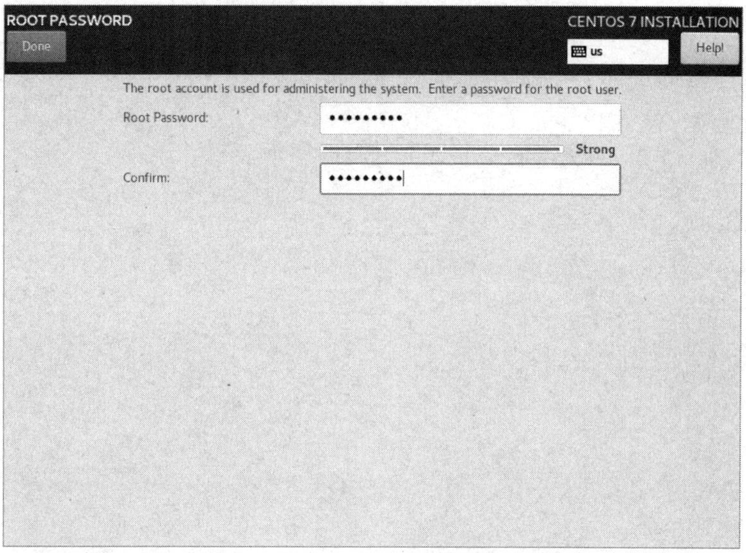

图 4-19　"ROOT PASSWORD"界面

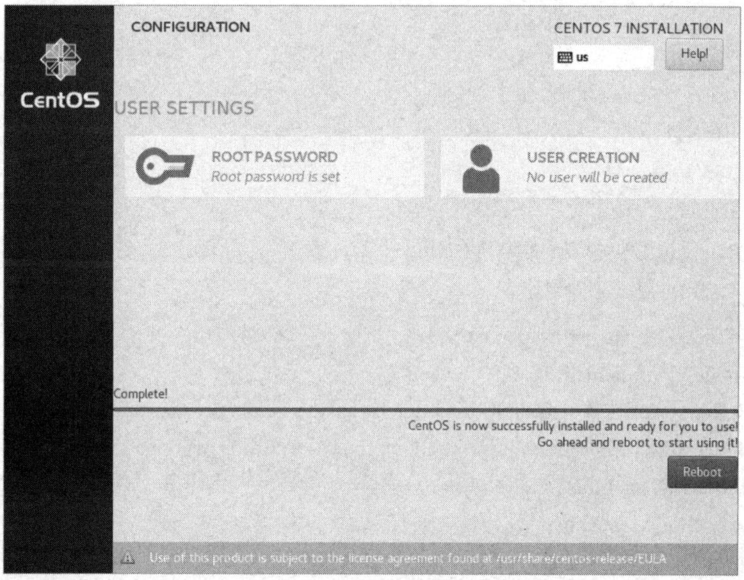

图 4-20　"CONFIGURATION"界面

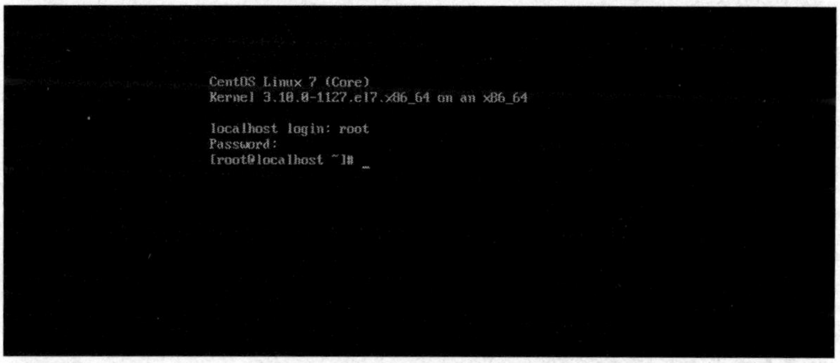

图 4-21　CentOS 登录界面

登录虚拟机后，配置主机名及 IP 地址。

```
[root@localhost ~]# hostnamectl set-hostname kubeedge-node
[root@localhost ~]# bash
[root@kubeedge-node ~]# vi /etc/sysconfig/network-scripts/ifcfg-ens33
TYPE=Ethernet
PROXY_METHOD=none
BROWSER_ONLY=no
BOOTPROTO=static
DEFROUTE=yes
IPv4_FAILURE_FATAL=no
IPv6INIT=yes
IPv6_AUTOCONF=yes
IPv6_DEFROUTE=yes
IPv6_FAILURE_FATAL=no
IPv6_ADDR_GEN_MODE=stable-privacy
NAME=ens33
UUID=184e042b-9e1d-4fea-8736-1d162f8f2557
DEVICE=ens33
ONBOOT=yes
IPADDR=192.168.111.11
NETMASK=255.255.255.0
GATEWAY=192.168.111.254
[root@kubeedge-node ~]# systemctl restart network
```

关闭防火墙并配置主机映射。

```
[root@kubeedge-node ~]# systemctl stop firewalld
[root@kubeedge-node ~]# systemctl disable firewalld
Removed symlink /etc/systemd/system/multi-user.target.wants/firewalld.service.
Removed symlink /etc/systemd/system/dbus-org.fedoraproject.FirewallD1.service.
[root@kubeedge-node ~]# setenforce 0
[root@kubeedge-node ~]# vi /etc/hosts
192.168.111.10 master
192.168.111.11 kubeedge-node
```

配置无密钥访问。

```
[root@kubeedge-node ~]# ssh-keygen
Generating public/private rsa key pair.
Enter file in which to save the key (/root/.ssh/id_rsa):      #按回车键
Enter passphrase (empty for no passphrase):                   #按回车键
Enter same passphrase again:                                  #按回车键
Your identification has been saved in /root/.ssh/id_rsa.
Your public key has been saved in /root/.ssh/id_rsa.pub.
The key fingerprint is:
SHA256:d1Lx30sQAcCHH4bJln7WBAOSPJpJzaHIc/jN/aXdkAQ root@kubeedge-node
```

```
The key's randomart image is:
+---[RSA 2048]----+
|        +o=oBE+o.   |
| . o..*.O +o+.     |
|   =.o+++=o.       |
|     ++o .. =..o..|
|      . oS.= .+ .o|
|          ..o+ + .|
|              o . o|
|                   |
|                   |
+----[SHA256]-----+
[root@kubeedge-node ~]# ssh-copy-id master
/usr/bin/ssh-copy-id: INFO: Source of key(s) to be installed: "/root/.ssh/id_rsa.pub"
/usr/bin/ssh-copy-id: INFO: attempting to log in with the new key(s), to filter out any that are already installed
/usr/bin/ssh-copy-id: INFO: 1 key(s) remain to be installed -- if you are prompted now it is to install the new keys

Authorized users only. All activities may be monitored and reported.
root@master's password: #输入 Master 节点的密码

Number of key(s) added: 1

Now try logging into the machine, with:     "ssh 'master'"
and check to make sure that only the key(s) you wanted were added.
```

挂载镜像并配置本地 Yum 源。

```
[root@kubeedge-node ~]# mkdir /opt/centos
[root@kubeedge-node ~]# mount /dev/cdrom /opt/centos/
mount: /dev/sr0 is write-protected, mounting read-only
[root@kubeedge-node ~]# mv /etc/yum.repos.d/* /media/
[root@kubeedge-node ~]# vi /etc/yum.repos.d/local.repo
[centos]
name=centos
baseurl=file:///opt/centos
gpgcheck=0
enabled=1
[root@kubeedge-node ~]# yum repolist
Loaded plugins: fastestmirror
Determining fastest mirrors
centos                                            | 3.6 kB     00:00
(1/2): centos/group_gz                            | 153 kB     00:00
(2/2): centos/primary_db                          | 3.3 MB     00:00
repo id                     repo name                              status
```

centos	centos	4,070

repolist: 4,070

至此，边缘主机环境准备完毕，用户可自行关机并保存快照。

3）云端节点与边缘节点互通

配置主机映射及无密钥访问。

```
[root@master ~]# vi /etc/hosts
127.0.0.1    localhost localhost.localdomain localhost4 localhost4.localdomain4
::1          localhost localhost.localdomain localhost6 localhost6.localdomain6
192.168.111.10 master
192.168.111.11 kubeedge-node
[root@master ~]# ssh-keygen
Generating public/private rsa key pair.
Enter file in which to save the key (/root/.ssh/id_rsa): Created directory '/root/.ssh'.
Enter passphrase (empty for no passphrase):
Enter same passphrase again:        #按回车键
Your identification has been saved in /root/.ssh/id_rsa
Your public key has been saved in /root/.ssh/id_rsa.pub
The key fingerprint is:              #按回车键
SHA256:KFVoZz3Ca43Ki+R09GnM/OxYWsC4QiGcopIpVUHvFuM root@master
The key's randomart image is:        #按回车键
+---[RSA 3072]----+
|    .+. o..       |
| . o .o.= o       |
|. = ..=o = .      |
|.= . =.*+ .       |
|*    ooEBS.       |
|o   .oo+.B.       |
|   +.o.o oo       |
|   o.. =o         |
|      o..         |
+----[SHA256]-----+
[root@master ~]# ssh-copy-id kubeedge-node
/usr/bin/ssh-copy-id: INFO: Source of key(s) to be installed: "/root/.ssh/id_rsa.pub"
The authenticity of host 'kubeedge-node (192.168.111.11)' can't be established.
ECDSA key fingerprint is SHA256:7w9MzyWoQ02wU98eMgANtytReCEiJDPV7AtFJ6xiIew.
Are you sure you want to continue connecting (yes/no/[fingerprint])? yes
/usr/bin/ssh-copy-id: INFO: attempting to log in with the new key(s), to filter out any that are already installed
/usr/bin/ssh-copy-id: INFO: 1 key(s) remain to be installed -- if you are prompted now it is to install the new keys
root@kubeedge-node's password: #输入 kubeedge-node 节点的密码
Number of key(s) added: 1

Now try logging into the machine, with:      "ssh 'kubeedge-node'"
and check to make sure that only the key(s) you wanted were added.
```

任务 4.2　部署 KubeEdge 管理平台

1．任务描述

本任务旨在帮助读者掌握如何部署 KubeEdge 管理平台。通过配置银河麒麟服务器操作系统作为云端节点，并配置 CentOS 作为边缘节点的基础环境，读者将获得在云原生技术与应用的实践中独具特色的经验。通过学习本任务，读者将深入了解 KubeEdge 架构和 KubeEdge 的工作原理，并具备在银河麒麟服务器操作系统上搭建 KubeEdge 云端环境、在 CentOS 中搭建 KubeEdge 边缘计算环境及在云端节点上部署 KubeEdge 管理平台的能力，为开展 KubeEdge 边缘计算奠定坚实的基础。

2．任务分析

1）规划节点

使用银河麒麟服务器操作系统规划节点，如表 4-4 所示。

表 4-4　规划节点

IP 地址	主机名	节点
192.168.111.10	Master	Kylin 服务器控制节点
192.168.111.11	kubeedge-node	KubeEdge 工作节点

2）基础准备

使用本地 PC 环境下的 VMware Workstation 进行实操练习，将 Master 节点的 IP 地址设置为 192.168.111.10，使用 Kylin-Server-10-SP2-Release-Build09-20210524-x86_64.iso 镜像文件，将主机类型设置为 4vcpu、8GB 内存、100GB 磁盘；将 kubeedge-node 节点的 IP 地址设置为 192.168.111.11，使用 CentOS-7-x86_64-DVD-2009.iso 镜像文件，将主机类型设置为 4vcpu、8GB 内存、100GB 磁盘；两台主机均使用 NAT 网络模式，将网关的 IP 地址设置为 192.168.111.254，将主机密码设置为 Kylin2023，自行为虚拟机配置 IP 地址，安装 Kubernetes 服务，关闭 SELinux 和防火墙服务。

3．任务实施

1）搭建 KubeEdge 云端环境

将软件包 KylinEdge.tar.gz 上传到 Master 节点的/root 目录下，解压缩文件。

```
[root@master ~]# tar -zxf KylinEdge.tar.gz
```

在 Master 节点上配置云端所需的软件包及服务配置文件。

```
[root@master ~]# cd KylinEdge/
[root@master KylinEdge]# mv keadm /usr/bin/
[root@master KylinEdge]# cd kubeedge/
[root@master kubeedge]# mkdir /etc/kubeedge
[root@master kubeedge]# tar -zxf kubeedge-1.11.1.tar.gz
[root@master kubeedge]# cp -rf kubeedge-1.11.1/build/tools/* /etc/kubeedge/
```

```
[root@master kubeedge]# cp -rf kubeedge-1.11.1/build/crds/ /etc/kubeedge/
[root@master kubeedge]# tar -zxf kubeedge-v1.11.1-linux-amd64.tar.gz
[root@master kubeedge]# cp -rf * /etc/kubeedge/
```

启动云端服务。

```
[root@master kubeedge]# cd /etc/kubeedge/
[root@master kubeedge]# keadm deprecated init --kubeedge-version=1.11.1 --advertise-address=192.168.111.10
#以下是返回结果
Kubernetes version verification passed, KubeEdge installation will start...
keadm will install 1.11 CRDs
Expected or Default KubeEdge version 1.11.1 is already downloaded and will checksum for it.
kubeedge-v1.11.1-linux-amd64.tar.gz checksum:
checksum_kubeedge-v1.11.1-linux-amd64.tar.gz.txt content:
Expected or Default checksum file checksum_kubeedge-v1.11.1-linux-amd64.tar.gz.txt is already downloaded.
Expected or Default KubeEdge version 1.11.1 is already downloaded
keadm will download version 1.11 service file
[Run as service] service file already exisits in /etc/kubeedge//cloudcore.service, skip download
kubeedge-v1.11.1-linux-amd64/
kubeedge-v1.11.1-linux-amd64/edge/
kubeedge-v1.11.1-linux-amd64/edge/edgecore
kubeedge-v1.11.1-linux-amd64/version
kubeedge-v1.11.1-linux-amd64/cloud/
kubeedge-v1.11.1-linux-amd64/cloud/csidriver/
kubeedge-v1.11.1-linux-amd64/cloud/csidriver/csidriver
kubeedge-v1.11.1-linux-amd64/cloud/iptablesmanager/
kubeedge-v1.11.1-linux-amd64/cloud/iptablesmanager/iptablesmanager
kubeedge-v1.11.1-linux-amd64/cloud/cloudcore/
kubeedge-v1.11.1-linux-amd64/cloud/cloudcore/cloudcore
kubeedge-v1.11.1-linux-amd64/cloud/controllermanager/
kubeedge-v1.11.1-linux-amd64/cloud/controllermanager/controllermanager
kubeedge-v1.11.1-linux-amd64/cloud/admission/
kubeedge-v1.11.1-linux-amd64/cloud/admission/admission

KubeEdge cloudcore is running, For logs visit:   /var/log/kubeedge/cloudcore.log
CloudCore started
```

kubeedge-version=：指定 KubeEdge 的版本。在离线安装时必须指定 KubeEdge 的版本，否则会自动下载 KubeEdge 的最新版本。

advertise-address=：暴露 IP 地址，此处填写 keadm 所在的节点内网 IP 地址。如果要与本地集群对接，那么应填写公网 IP 地址。此处因为在云端，所以只需要填写内网 IP 地址。

检查云端服务。

```
[root@master kubeedge]# netstat  -ntpl |grep cloudcore
tcp6       0       0 :::10000            :::*                    LISTEN      15996/cloudcore
tcp6       0       0 :::10002            :::*                    LISTEN      15996/cloudcore
```

2）搭建 KubeEdge 边缘计算环境

在 kubeedge-node 节点上复制云端软件包至本地。

```
[root@kubeedge-node ~]# scp -r root@master:/root/KylinEdge/yum /opt/
[root@kubeedge-node ~]# scp root@master:/usr/bin/keadm /usr/local/bin/
[root@kubeedge-node ~]# mkdir /etc/kubeedge
[root@kubeedge-node ~]# cd /etc/kubeedge/
[root@kubeedge-node kubeedge]# scp -r root@master:/etc/kubeedge/* /etc/kubeedge/
```

在 Master 节点上查询密钥，复制的 token 需要删除换行符。

```
[root@master kubeedge]# keadm gettoken
1cb82aba1c2bc56d7e3be5d42423fb18a1ca1e0160e9660713b9278dcf3950b8.eyJhbGciOiJIUzI1NiIsInR5cCI6Ik
pXVCJ9.eyJleHAiOjE3MDg1NjI4MDF9.lKIuMwODCDg2TfW3Y6IVr7rfR1aYwXO1S9e5Jdwewc8
```

在 kubeedge-node 节点上安装 Docker。

```
[root@kubeedge-node kubeedge]# vi /etc/yum.repos.d/local.repo
[centos]
name=centos
baseurl=file:///opt/centos
gpgcheck=0
enabled=1
[docker]
name=docker
baseurl=file:///opt/yum
gpgcheck=0
enabled=1
[root@kubeedge-node kubeedge]# yum install -y docker-ce
[root@kubeedge-node kubeedge]# vi /etc/docker/daemon.json
[root@kubeedge-node kubeedge]# systemctl daemon-reload
[root@kubeedge-node kubeedge]# systemctl enable docker --now
Created symlink from /etc/systemd/system/multi-user.target.wants/docker.service to
/usr/lib/systemd/system/docker.service.
```

在 kubeedge-node 节点上加入集群。

```
[root@kubeedge-node kubeedge]# keadm deprecated join --cloudcore-ipport=192.168.111.10:10000 --kubeedge-
version=1.11.1 --
token=1cb82aba1c2bc56d7e3be5d42423fb18a1ca1e0160e9660713b9278dcf3950b8.eyJhbGciOiJIUzI1NiIsInR5c
CI6IkpXVCJ9.eyJleHAiOjE3MDg1NjI4MDF9.lKIuMwODCDg2TfW3Y6IVr7rfR1aYwXO1S9e5Jdwewc8
```

若 Yum 源报错，则可删除多余的 Yum 源，重新执行加入集群操作。

```
[root@kubeedge-node kubeedge]# rm -rf /etc/yum.repos.d/epel*
[root@kubeedge-node kubeedge]# keadm deprecated join --cloudcore-ipport=192.168.111.10:10000 --kubeedge-
version=1.11.1 --
token=1cb82aba1c2bc56d7e3be5d42423fb18a1ca1e0160e9660713b9278dcf3950b8.eyJhbGciOiJIUzI1NiIsInR5c
CI6IkpXVCJ9.eyJleHAiOjE3MDg1NjI4MDF9.lKIuMwODCDg2TfW3Y6IVr7rfR1aYwXO1S9e5Jdwewc8
#以下是返回结果
```

install MQTT service successfully.

Expected or Default KubeEdge version 1.11.1 is already downloaded and will checksum for it.

kubeedge-v1.11.1-linux-amd64.tar.gz checksum:

checksum_kubeedge-v1.11.1-linux-amd64.tar.gz.txt content:

Expected or Default checksum file checksum_kubeedge-v1.11.1-linux-amd64.tar.gz.txt is already downloaded.

Expected or Default KubeEdge version 1.11.1 is already downloaded

keadm will download version 1.11 service file

[Run as service] service file already exisits in /etc/kubeedge//edgecore.service, skip download

kubeedge-v1.11.1-linux-amd64/

kubeedge-v1.11.1-linux-amd64/edge/

kubeedge-v1.11.1-linux-amd64/edge/edgecore

kubeedge-v1.11.1-linux-amd64/version

kubeedge-v1.11.1-linux-amd64/cloud/

kubeedge-v1.11.1-linux-amd64/cloud/csidriver/

kubeedge-v1.11.1-linux-amd64/cloud/csidriver/csidriver

kubeedge-v1.11.1-linux-amd64/cloud/iptablesmanager/

kubeedge-v1.11.1-linux-amd64/cloud/iptablesmanager/iptablesmanager

kubeedge-v1.11.1-linux-amd64/cloud/cloudcore/

kubeedge-v1.11.1-linux-amd64/cloud/cloudcore/cloudcore

kubeedge-v1.11.1-linux-amd64/cloud/controllermanager/

kubeedge-v1.11.1-linux-amd64/cloud/controllermanager/controllermanager

kubeedge-v1.11.1-linux-amd64/cloud/admission/

kubeedge-v1.11.1-linux-amd64/cloud/admission/admission

KubeEdge edgecore is running, For logs visit: journalctl -u edgecore.service -xe

查看服务的状态是否为 Active。

[root@kubeedge-node kubeedge]# systemctl status edgecore
● edgecore.service
    Loaded: loaded (/etc/systemd/system/edgecore.service; enabled; vendor preset: disabled)
    Active: active (running) since Wed 2024-02-21 09:06:26 CST; 53s ago
  Main PID: 2047 (edgecore)
     Tasks: 12
    Memory: 33.3M
    CGroup: /system.slice/edgecore.service
            └─2047 /usr/local/bin/edgecore

Feb 21 09:07:07 kubeedge-node edgecore[2047]: I0221 09:07:07.789461   2047 ...]
Feb 21 09:07:07 kubeedge-node edgecore[2047]: E0221 09:07:07.789503   2047 ...]
Feb 21 09:07:07 kubeedge-node edgecore[2047]: I0221 09:07:07.789546   2047 ...e
Feb 21 09:07:16 kubeedge-node edgecore[2047]: W0221 09:07:16.968643   2047 ...g
Feb 21 09:07:17 kubeedge-node edgecore[2047]: I0221 09:07:17.365218   2047 ...]
Feb 21 09:07:17 kubeedge-node edgecore[2047]: E0221 09:07:17.365288   2047 ...]
Feb 21 09:07:17 kubeedge-node edgecore[2047]: I0221 09:07:17.365239   2047 ...]

```
Feb 21 09:07:17 kubeedge-node edgecore[2047]: I0221 09:07:17.365407        2047 ...e
Feb 21 09:07:17 kubeedge-node edgecore[2047]: E0221 09:07:17.365431         2047 ...]
Feb 21 09:07:17 kubeedge-node edgecore[2047]: I0221 09:07:17.365478        2047 ...e
Hint: Some lines were ellipsized, use -l to show in full.
```

在 Master 节点上检查是否已正常加入边缘节点。

```
[root@master kubeedge]# kubectl get nodes
NAME            STATUS     ROLES                  AGE      VERSION
kubeedge-node   Ready      agent,edge             2m11s    v1.22.6-kubeedge-v1.11.1
master          Ready      control-plane,master   123m     v1.22.1
```

若显示的边缘节点的数量为 2，且状态为 Ready，则证明边缘节点已正常加入。

3）在云端节点上部署 KubeEdge 管理平台

在 Master 节点上解压缩软件包 kubeedge_dashboard.tar.gz。

```
[root@master KylinEdge]# ls
keadm   kubeedge   kubeedge_dashboard.tar.gz   yum
[root@master KylinEdge]# tar -zxf kubeedge_dashboard.tar.gz
```

导入所需的镜像并创建 kubeedge-dashboard.yaml 文件。

```
[root@master KylinEdge]# ls
keadm   kubeedge   kubeedge_dashboard.tar.gz   yum
[root@master KylinEdge]# tar -zxf kubeedge_dashboard.tar.gz
[root@master KylinEdge]# docker load -i kubeedge-dashboard-v1.0.tar
c6e34807c2d5: Loading layer   77.81MB/77.81MB
24ee1d7d6a62: Loading layer   113.2MB/113.2MB
4deafab383fa: Loading layer   3.584kB/3.584kB
8aedfcd777c7: Loading layer   4.608kB/4.608kB
c88d3a8ff009: Loading layer   2.56kB/2.56kB
abc3beec4b30: Loading layer   5.12kB/5.12kB
922d16116201: Loading layer   7.168kB/7.168kB
c7c984fbe493: Loading layer   4.608kB/4.608kB
190b29c92996: Loading layer   4.733MB/4.733MB
Loaded image: kubeedge-dashboard:v1.0
[root@master KylinEdge]# vi kubeedge-dashboard.yaml
...
        location ^~ /api/ {
          proxy_pass https://192.168.111.10:6443;      #修改此处地址
        }
        location ^~ /apis/ {
          proxy_pass https://192.168.111.10:6443;      #修改此处地址
        }
...
    spec:
      nodeName: master                               #修改为 Master 节点的主机名
      volumes:
```

```
    - name: config
      configMap:
        name: nginx-config
```
..

部署 KubeEdge 管理平台。

```
[root@master KylinEdge]# kubectl apply -f kubeedge-dashboard.yaml
namespace/kubeedge-dashboard created
configmap/nginx-config created
service/kdashboard-service created
deployment.apps/kdashboard-deploy created
[root@master KylinEdge]# kubectl get pod -n kubeedge-dashboard
NAME                                   READY   STATUS    RESTARTS   AGE
kdashboard-deploy-64556c67ff-9zkrc     1/1     Running   0          6s
[root@master KylinEdge]# kubectl get Service -n kubeedge-dashboard
NAME                TYPE       CLUSTER-IP      EXTERNAL-IP   PORT(S)
AGE
kdashboard-service  NodePort   10.102.165.156  <none>        30086:30086/TCP   11s
```

在 Master 节点上执行以下代码，获取登录的 token。复制的 token 需要删除换行符。

```
[root@master KylinEdge]# kubectl create serviceaccount curl-user -n kube-system
serviceaccount/curl-user created
[root@master KylinEdge]# kubectl create clusterrolebinding curl-user-binding --clusterrole=cluster-admin --
serviceaccount=kube-system:curl-user -n kube-system
clusterrolebinding.rbac.authorization.k8s.io/curl-user-binding created
[root@master KylinEdge]# kubectl -n kube-system describe secret $(kubectl -n kube-system get secret | grep
curl-user | awk '{print $1}')
Name:          curl-user-token-pgs8n
Namespace:     kube-system
Labels:        <none>
Annotations:   kubernetes.io/service-account.name: curl-user
               kubernetes.io/service-account.uid: b4a49404-c591-4da1-8592-ad568edd96e3

Type:   kubernetes.io/service-account-token

Data
====
ca.crt:      1099 bytes
namespace:   11 bytes
token:
```
eyJhbGciOiJSUzI1NiIsImtpZCI6IndESUJjd05ybnZrd0l4MGUxcUFUQjB5aW92VDZCMUdnMk1zdTI0cW9GbFEifQ.eyJpc3MiOiJrdWJlcm5ldGVzL3NlcnZpY2VhY2NvdW50Iiwia3ViZXJuZXRlcy5pby9zZXJ2aWNlYWNjb3VudC9uYW1lc3BhY2UiOiJrdWJlLXN5c3RlbSIsImt1YmVybmV0ZXMuaW8vc2VydmljZWFjY291bnQvc2VjcmV0Lm5hbWUiOiJjdXJsLXVzZXItdG9rZW4tcGdzOG4iLCJrdWJlcm5ldGVzLmlvL3NlcnZpY2VhY2NvdW50L3NlcnZpY2UtYWNjb3VudC5uYW1lIjoiY3VybC11c2VyIiwia3ViZXJuZXRlcy5pby9zZXJ2aWNlYWNjb3V

udC9zZXJ2aWNlLWFjY291bnQudWlkIjoiYjRhNDk0MDQtYzU5MS00ZGExLTg1OTItYWQ1NjhlZGQ5NmU
zIiwic3ViIjoic3lzdGVtOnNlcnZpY2VhY2NvdW50Omt1YmUtc3lzdGVtOmN1cmwtdXNlciJ9.z8t58bULvtk02v
D6A6nP2SSoem6sVUNPF5e0rtT4hycb8gDDRfIsYaqtxufHrNvi6GR9AWWGv9lOnL9yxLJUyvRCr07WjlCKez
S0Aj0bvwDsV8Ib2jUgPjnKP42NtkomLSvxGB3wlw8D620OB8ywqXhGbU_ebiw0d8uYMlbQtchfkjXWnhpVz
ejGSruxdrvBOa5JX8LQmFRhbd7LIqFMUWE253sCQ4LWsbVMMZXJoNWyJPa7QGz_U-
wgIvg9gHLCNxeXtQXmiTQ1zqmYhoksdtILqh-
teS_eoEP4fzqx3VckePreDOHTUoa_uZQiZmRDarcivk12naAJWJA-bj2MEg

4）界面展示与使用

KubeEdge-Dashboard 登录界面如图 4-22 所示。

图 4-22　KubeEdge-Dashboard 登录界面

将在 Master 节点上获取的 token 复制并粘贴到登录文本框中，即可进入 KubeEdge-Dashboard 管理界面，如图 4-23 所示。

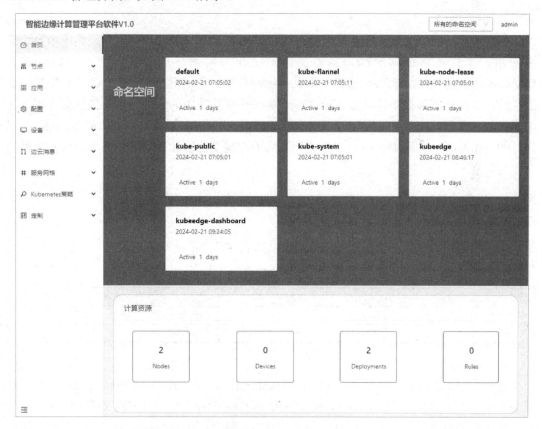

图 4-23　KubeEdge-Dashboard 管理界面

选择左侧的"节点"选项，即可查看当前集群中存在的节点信息，如图 4-24 所示。

图 4-24　查看节点信息

任务 4.3　部署云端应用及边缘端应用

1．任务描述

本任务旨在帮助读者快速掌握如何在 KubeEdge 边缘计算环境中部署云端应用及边缘端应用。本任务将银河麒麟服务器操作系统作为实操环境，将详细介绍如何部署 DeviceModel、Device、云端应用控制器及边缘计数器。通过学习本任务，读者将积累丰富的经验，能够熟练掌握如何部署 KubeEdge 边缘计算环境中的云端应用及边缘端应用，为构建高效、可靠的边缘计算环境打下坚实的基础。这将帮助读者深入理解 KubeEdge 边缘计算的工作原理，实现 DeviceModel 管理、应用控制及边缘计算功能的应用，提升应用的效率与性能。

2．任务分析

1）规划节点

使用银河麒麟服务器操作系统规划节点，如表 4-5 所示。

表 4-5　规划节点

IP 地址	主机名	节点
192.168.111.10	Master	Kylin 服务器控制节点
192.168.111.11	kubeedge-node	KubeEdge 工作节点

2）基础准备

使用本地 PC 环境下的 VMware Workstation 进行实操练习，将 Master 节点的 IP 地址设置为 192.168.111.10，使用 Kylin-Server-10-SP2-Release-Build09-20210524-x86_64.iso 镜像文件，将主机类型设置为 4vcpu、8GB 内存、100GB 磁盘；将 kubeedge-node 节点的 IP 地址设置为 192.168.111.11，使用 CentOS-7-x86_64-DVD-2009.iso 镜像文件，将主机类型设置为

4vcpu、8GB 内存、100GB 磁盘；两台主机均使用 NAT 网络模式，将网关的 IP 地址设置为
192.168.111.254，将主机密码设置为 Kylin2023，自行为虚拟机配置 IP 地址，安装 Kubernetes
服务，关闭 SELinux 和防火墙服务。

3. 任务实施

1）部署 DeviceModel 和 Device

要利用搭建好的边缘计算平台部署计数器应用，首先要部署 DeviceModel 和 Device。
DeviceModel 和 Device 是 Kubernetes 自定义资源定义的资源类型，用来描述元数据和状态。

使用提供的 YAML 文件部署 DeviceModel。

```
[root@master KylinEdge]# tar -zxf kubeedge-counter-demo.tar.gz
[root@master KylinEdge]# cd kubeedge-counter-demo/crds/
[root@master crds]# vi kubeedge-counter-model.yaml
apiVersion: devices.kubeedge.io/v1alpha2
kind: DeviceModel
metadata:
 name: counter-model
 namespace: default
spec:
 properties:
 - name: status
   description: counter status
   type:
    string:
     accessMode: ReadWrite
     defaultValue: "
```

该文件定义了一个名为 counter-model 的计数器模型，并描述了该计数器模型为
ReadWrite 状态的字符串类型，默认为空。

创建 DeviceModel。

```
[root@master KylinEdge]# tar -zxf kubeedge-counter-demo.tar.gz
[root@master crds]# kubectl apply -f kubeedge-counter-model.yaml
devicemodel.devices.kubeedge.io/counter-model created
#获取 DeviceModel 列表
[root@master crds]# kubectl get devicemodel -A
NAMESPACE    NAME            AGE
default      counter-model   18s
```

部署设备实例。

```
[root@master crds]# vi kubeedge-counter-instance.yaml
apiVersion: devices.kubeedge.io/v1alpha2
kind: Device
metadata:
  name: counter
```

```
    labels:
        description: 'counter'
spec:
    deviceModelRef:
        name: counter-model
    nodeSelector:
        nodeSelectorTerms:
        - matchExpressions:
            - key: 'kubernetes.io/hostname'    #添加此处
                operator: In
                values:
                - kubeedge-node              #修改此处为自己的 KubeEdge 节点名称

status:
    twins:
        - propertyName: status
            desired:
                metadata:
                    type: string
                value: 'OFF'
            reported:
                metadata:
                    type: string
                value: '0'
```

该文件定义了一个名为 counter 的设备实例，配置引用了上面创建的 counter-model，并定义了状态的 value 属性分别为'OFF'和'0'。

创建 Device。

```
[root@master crds]# kubectl apply -f kubeedge-counter-instance.yaml
device.devices.kubeedge.io/counter created
#获取 Device 列表
[root@master crds]# kubectl get device -A
NAMESPACE    NAME       AGE
default       counter    84s
```

2）部署云端应用控制器

云端应用控制器是一个通用的 Web 控制器，可以管理和监控多种类型的设备和模型，这里可以利用该控制器管理创建的计数器设备和模型。

导入镜像 kubeedge-counter-app.tar。

```
[root@master crds]# cd ..
[root@master kubeedge-counter-demo]# cd ..
[root@master KylinEdge]# docker load -i kubeedge-counter-app.tar
548a79621a42: Loading layer    65.53MB/65.53MB
7a58d50dd212: Loading layer    27.74MB/27.74MB
```

```
2c78ebd3b6f8: Loading layer    340.5kB/340.5kB
863086bd121c: Loading layer    8.192kB/8.192kB
Loaded image: kubeedge/kubeedge-counter-app:v1.0.0
```

使用提供的 YAML 文件部署云端应用控制器。

```
[root@master KylinEdge]# cd kubeedge-counter-demo/crds/
[root@master crds]# vi kubeedge-web-controller-app.yaml
apiVersion: apps/v1
kind: Deployment
metadata:
  labels:
    k8s-app: kubeedge-counter-app
  name: kubeedge-counter-app
  namespace: default
spec:
  selector:
    matchLabels:
      k8s-app: kubeedge-counter-app
  template:
    metadata:
      labels:
        k8s-app: kubeedge-counter-app
    spec:
      hostNetwork: true
      nodeSelector:
        node-role.kubernetes.io/master: ""
      containers:
      - name: kubeedge-counter-app
        image: kubeedge/kubeedge-counter-app:v1.0.0
        imagePullPolicy: IfNotPresent
      tolerations:
      - key: node-role.kubernetes.io/master
        operator: Exists
        effect: NoSchedule
      - key: node-role.kubernetes.io/control-plane
        operator: Exists
        effect: NoSchedule
      restartPolicy: Always

---
apiVersion: rbac.authorization.k8s.io/v1    #修改此处的版本号
kind: Role
metadata:
  name: kubeedge-counter
  namespace: default
```

```
rules:
- apiGroups: ["devices.kubeedge.io"]
  resources: ["devices"]
  verbs: ["get", "patch"]


---
apiVersion: rbac.authorization.k8s.io/v1        #修改此处的版本号
kind: RoleBinding
metadata:
  name: kubeedge-counter-rbac
  namespace: default
subjects:
  - kind: ServiceAccount
    name: default
roleRef:
  kind: Role
  name: kubeedge-counter
  apiGroup: rbac.authorization.k8s.io
[root@master crds]# kubectl apply -f kubeedge-web-controller-app.yaml
deployment.apps/kubeedge-counter-app created
role.rbac.authorization.k8s.io/kubeedge-counter created
rolebinding.rbac.authorization.k8s.io/kubeedge-counter-rbac created
```

查看是否存在端口 8089，也可以通过浏览器访问 master_IP:8089。访问 Web 控制器如图 4-25 所示。

```
[root@master crds]# netstat -ntpl |grep 8089
tcp6        0        0 :::8089                      :::*                    LISTEN        27717/kubeedge-
coun
```

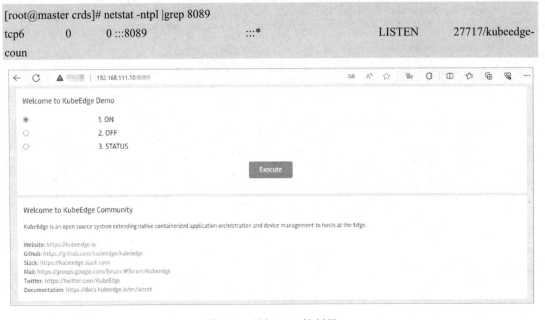

图 4-25 访问 Web 控制器

3）部署边缘计数器

边缘端的 pi-counter-app 应用受到云端应用的控制，主要与 MQTT 服务器通信，进行简单的计数。

将镜像发送至 KubeEdge 节点上并导入。

```
[root@master ~]# cd KylinEdge/
[root@master KylinEdge]# scp edgepause.tar kubeedge-node:/root/
edgepause.tar                              100%   737KB   8.8MB/s
[root@master KylinEdge]# scp kubeedge-pi-counter.tar kubeedge-node:/root/
kubeedge-pi-counter.tar                    100%   80MB 179.0MB/s

[root@kubeedge-node ~]# docker load -i edgepause.tar
e17133b79956: Loading layer    744.4kB/744.4kB
Loaded image: kubeedge/pause:3.1
[root@kubeedge-node ~]# docker load -i kubeedge-pi-counter.tar
548a79621a42: Loading layer    65.53MB/65.53MB
bb3a68302307: Loading layer    18.23MB/18.23MB
Loaded image: kubeedge/kubeedge-pi-counter:v1.0.0
```

使用提供的 YAML 文件部署边缘计数器。

```
[root@master KylinEdge]# cd kubeedge-counter-demo/crds/
[root@master crds]# vi kubeedge-pi-counter-app.yaml
apiVersion: apps/v1
kind: Deployment
metadata:
  labels:
    k8s-app: kubeedge-pi-counter
  name: kubeedge-pi-counter
  namespace: default
spec:
  selector:
    matchLabels:
      k8s-app: kubeedge-pi-counter
  template:
    metadata:
      labels:
        k8s-app: kubeedge-pi-counter
    spec:
      #nodeSelector:                        #注释此行
      #   node-role.kubernetes.io/master: ""   #注释此行
      nodeName: kubeedge-node               #添加此行
      hostNetwork: true
      containers:
      - name: kubeedge-pi-counter
```

```
        image: kubeedge/kubeedge-pi-counter:v1.0.0
        imagePullPolicy: IfNotPresent
    nodeSelector:
        node-role.kubernetes.io/edge: ""
    restartPolicy: Always
[root@master crds]# kubectl apply -f kubeedge-pi-counter-app.yaml
deployment.apps/kubeedge-pi-counter created
```

为了避免云端节点服务和边缘节点服务在通信时报错，导致 Pod 运行失败，下面先重启两个节点的核心服务。

```
[root@master crds]# kubectl get pod -o wide |grep pi-counter
kubeedge-pi-counter-674b9f4f74-wdx8b    0/1    Pending    0    40s    <none>
kubeedge-node    <none>    <none>
[root@master crds]# kubectl delete -f kubeedge-pi-counter-app.yaml
deployment.apps "kubeedge-pi-counter" deleted
[root@master crds]# kubectl delete pod kubeedge-pi-counter-674b9f4f74-wdx8b --force
warning: Immediate deletion does not wait for confirmation that the running resource has been terminated. The
resource may continue to run on the cluster indefinitely.
pod "kubeedge-pi-counter-674b9f4f74-wdx8b" force deleted

[root@master ~]# systemctl restart cloudcore
[root@kubeedge-node ~]# systemctl restart edgecore

[root@master crds]# kubectl apply -f kubeedge-pi-counter-app.yaml
deployment.apps/kubeedge-pi-counter created
[root@master crds]# kubectl get pod -o wide |grep pi-counterkubeedge-pi-counter-674b9f4f74-q9chq    1/1
Running    0    5s    192.168.111.11    kubeedge-node    <none>    <none>
```

4）测试应用

在边缘节点上查看 kubeedge-pi 容器，并查看日志。

```
[root@kubeedge-node ~]# docker ps
CONTAINER ID    IMAGE                COMMAND                    CREATED
STATUS              PORTS        NAMES
1cfac697a30e    0f8d5f691319              "/pi-counter-app pi-..."    About a minute ago    Up About a minute
k8s_kubeedge-pi-counter_kubeedge-pi-counter-674b9f4f74-q9chq_default_5befb0ef-5729-4def-9e7e-
2ef37b53a279_0
d1177a51c86f    kubeedge/pause:3.1    "/pause"                    About a minute ago    Up About a minute
k8s_POD_kubeedge-pi-counter-674b9f4f74-q9chq_default_5befb0ef-5729-4def-9e7e-2ef37b53a279_0
34c9f6704b3e    kubeedge/pause:3.1    "/pause"                    5 minutes ago    Up 5 minutes
k8s_POD_kube-proxy-hccd9_kube-system_65b1dca1-eb9a-4db6-be32-af0cf95110dd_0
2b37d92b3080    kubeedge/pause:3.1    "/pause"                    5 minutes ago    Up 5 minutes
k8s_POD_kube-flannel-ds-p8sgn_kube-flannel_7609629f-998a-4701-9aa3-6566a143e880_0
# 容器名称为 k8s_kubeedge-pi-counter_kubeedge-开头
[root@kubeedge-node ~]# docker logs 1cfac697a30e -f
```

可以看到，反馈结果为空，还没有日志。

打开浏览器，输入 http://192.168.111.10:8089/，选中"1. ON"单选按钮，并单击"Execute"按钮，可以在边缘节点上再次查看反馈结果。

```
[root@kubeedge-node ~]# docker logs 1cfac697a30e -f
turn on counter.
Counter value: 1
Counter value: 2
Counter value: 3
Counter value: 4
Counter value: 5
Counter value: 6
Counter value: 7
Counter value: 8
Counter value: 9
Counter value: 10
turn off counter.
```

选中"2. OFF"单选按钮，并单击"Execute"按钮，即可结束计数。选中"3. STATUS"单选按钮，并单击"Execute"按钮，返回的当前计数状态为 STATUS。显示计数状态如图 4-26 所示。

图 4-26　显示计数状态

项目小结

本项目主要介绍了 KubeEdge 边缘计算及其在云原生应用中的重要性，深入探讨了边缘计算、云计算和雾计算的区别，并详细介绍了 KubeEdge 的主要组件与工作流程。本项目中任务的内容包括搭建 KubeEdge 边缘计算环境、部署 KubeEdge 管理平台，以及部署云端应用和边缘端应用。

通过学习本项目，相信读者不仅能够全面了解 KubeEdge 边缘计算的理论和应用，还能够实际操作 KubeEdge，灵活搭建 KubeEdge 边缘计算环境，部署 KubeEdge 管理平台，以及部署云端应用及边缘端应用。此外，通过学习本项目，读者将掌握 KubeEdge 边缘计算并能够将其应用于实际场景中，为实现数据同步和协同计算提供强有力的支持。

课后练习

1．（单选题）边缘计算与云计算的主要区别是（　　）。

    A．边缘计算侧重于数据的本地处理，云计算侧重于数据的集中处理

    B．边缘计算只能运行轻量级应用，云计算可以运行复杂应用

    C．边缘计算依赖于边缘节点的设备和网络，云计算依赖于云计算中心的设备和网络

    D．边缘计算可以取代云计算，满足所有应用需求

2．（单选题）KubeEdge 的核心组件不包括（　　）。

    A．EdgeController

    B．EdgeCore

    C．EdgeDevice

    D．EdgeProxy

3．（多选题）KubeEdge 的功能包括（　　）。

    A．边缘节点注册和管理

    B．任务调度和资源管理

    C．本地数据处理和边缘计算

    D．云端应用部署和管理

4．（判断题）KubeEdge 的工作流程包括边缘节点注册、任务调度和本地数据处理。

    （　　）

5．（判断题）使用 KubeEdge 只能部署云端应用，无法部署边缘端应用。（　　）

实训练习

1．使用 VMware Workstation 创建两台虚拟机，分别作为 Master 节点和 kubeedge-node 节点，自行配置节点的规格，并安装银河麒麟服务器操作系统作为云端节点，安装 CentOS 作为边缘节点，完成 KubeEdge 边缘计算环境的搭建及 KubeEdge 管理平台的部署。

2．使用部署好的 KubeEdge 集群，部署云端应用控制器及边缘计数器。

项目 5

Python 与 Kubernetes 运维开发

项目描述

随着信息时代的迅速发展和技术的不断进步，Kubernetes 成为现代云原生应用运行和管理的重要平台。在这个背景下，本项目致力于培养读者在 Kubernetes 中运用 Python 进行运维开发的核心技能。

为了满足项目开发中对 Kubernetes 技术的需求，在开发和管理过程中能够更加高效地使用 Python，通过学习 Kubernetes Python SDK 和 Kubernetes RESTful API，以及 Service 的使用，读者将能够深入了解和掌握 Kubernetes 的核心概念和操作方法。

通过学习本项目，读者将具备在 Kubernetes 中运维开发的实践能力，并能够灵活应用 Python。掌握这些核心技能后，读者将能够更好地应对现代云原生应用的运维挑战，为项目的成功开发做出重要的贡献。

1．知识目标

（1）掌握 Python 模块和包。

（2）理解 Kubernetes Python SDK 与 Kubernetes RESTful API。

（3）了解 Python 在 Kubernetes 中的应用。

2．能力目标

（1）能够熟练使用 Python 编写运维脚本和工具。

（2）能够实现容器化应用的部署、管理和扩展。

（3）能够使用 Kubernetes Python SDK 和 Kubernetes RESTful API 定制、管理 Kubernetes 资源。

3．素养目标

（1）具备解决复杂问题、善于创新、灵活应对挑战、提出有效解决方案的能力。

（2）具备有效协作、分享知识、促进团队发展的能力。

任务分解

本项目旨在让读者掌握运用 Python 进行 Kubernetes 运维开发的技能。为了方便读者学习，本项目中的任务被分解为 3 个。任务分解如表 5-1 所示。

表 5-1　任务分解

任务名称	任务目标	任务学时
任务 5.1　基于 Kubernetes Python SDK 实现 Deploy 的管理	能够使用 Kubernetes Python SDK 管理 Deploy	2
任务 5.2　基于 Kubernetes RESTful API 实现 Service 的管理	能够使用 Kubernetes RESTful API 管理 Service	2
任务 5.3　基于 Kubernetes Python SDK 实现通过 HTTP 服务管理 Service	能够使用 Kubernetes Python SDK 通过 HTTP 服务管理 Service	4
总计		8

知识准备

1．Python 概述

1）什么是 Python

Python 是一种高级的、通用的解释型编程语言，由 Guido van Rossum 于 1991 年创建。Python 注重代码的简单、易读，同时保持强大的功能和模块化的设计。Python 的语法清晰、简洁，这使得开发者能够更容易理解和编写代码，提高了代码的可维护性。

Python 支持面向对象编程，允许开发者使用类和对象组织、管理代码。Python 是一种动态语言，不需要声明变量的数据类型，这使得代码的编写更加灵活。同时，Python 是一种跨平台的语言，可以在不同的操作系统（Windows、Linux 和 macOS 等）上运行。

Python 附带一个丰富的标准库，其中包含大量的模块和功能，可用于从文件操作到网络编程等任务。Python 还拥有一个庞大且活跃的开发者社区，该社区提供了丰富的资源、文档和支持，可用于学习和开发。

2）Python 软件包

在 Python 中，软件包是一种组织代码的方式，用于将相关的模块、库或应用组合在一起，以便更好地进行项目结构管理和代码复用。软件包通常包含模块、包和子包，它们形成一个层次结构，可以更清晰地划分项目逻辑和功能模块。每个模块都是一个独立的 Python 文件，而包是一个包含多个模块的目录，其中的 __init__.py 文件用于指示该目录是一个包。

使用软件包，开发者可以很好地组织代码，提高代码的可维护性和可读性。软件包的创建和使用使得项目模块化，便于维护和扩展。这种组织结构也有助于构建可维护、可扩展和可重用的代码库。

在 Python 中，软件包的发布和分享通常通过包管理工具实现，这使得其他开发者可以轻松地安装和使用软件包，促进了代码的共享和开发社区的合作。通过这种方式，软件包生态系统变得非常丰富，这为开发者提供了丰富的资源和工具。

3）Python 与 Shell 的对比

与 Shell 相比，Python 的优点如下。

（1）强大的 Kubernetes Python 客户端库：Python 提供了强大的 Kubernetes Python 客户端库，如 kubernetes-client，这使得与 Kubernetes API 进行交互变得更加方便。这些库提供了高级别的 Kubernetes API 抽象，开发者能够以更加直观和易读的方式编写与 Kubernetes 相关的代码。

（2）更强大的处理能力：与 Shell 相比，Python 具有更强大的处理能力。在处理 Kubernetes 资源、执行复杂的脚本或进行集群操作时，Python 可以更好地组织和处理数据，同时提供了更丰富的数据结构和模块。

（3）丰富的第三方库和工具：Python 拥有庞大的生态系统，具备丰富的第三方库和工具，可以处理 Kubernetes 集群中的各种任务。这些第三方库和工具包括用于配置管理、网络通信、并发控制等方面的库。使用这些第三方库和工具，开发者在 Python 中更容易构建复杂的 Kubernetes 应用。

（4）可移植性：Python 是一种跨平台的编程语言，可以在各种操作系统上运行，以确保在不同环境中的可移植性。这对于涉及多个平台的 Kubernetes 集群管理脚本非常友好。

（5）更容易进行单元测试和集成测试：与 Shell 相比，Python 更容易进行单元测试和集成测试，有助于提高代码的质量和可靠性。这对于在 Kubernetes 集群中进行自动化测试是至关重要的。

（6）更丰富的异常处理机制：与 Shell 相比，Python 提供了更丰富的异常处理机制，可以更好地处理与 Kubernetes API 通信过程中的错误和异常情况，提高脚本的健壮性。

2．Kubernetes Python SDK 与 Kubernetes RESTful API

1）Kubernetes Python SDK

Kubernetes Python SDK（Python Software Development Kit）通常指的是用于与特定服务、平台或工具集成的一组工具和库。Kubernetes Python SDK 提供了一种简化开发流程的方式。使用 Kubernetes Python SDK，开发者能够更轻松地与目标服务或工具进行交互。

具体而言，Kubernetes Python SDK 通常包括以下部分。

（1）可以使用高级的 Python 方法调用服务的功能。

（2）工具：如命令行工具或可视化工具，用于简化配置和管理任务。

（3）示例代码：用于演示如何使用 Kubernetes Python SDK 中的功能。这对于开发者快速上手是很有帮助的。

（4）文档：用于描述 Kubernetes Python SDK 的用法、功能和配置，以及与服务进行交互的详细信息。

（5）依赖管理：对其他 Python 库或模块进行依赖管理，用于确保依赖项被正确安装。

2）Kubernetes RESTful API

Kubernetes RESTful API（Representational State Transfer API）是一种设计风格，用于构建网络服务。同时，Kubernetes RESTful API 是一种基于 RESTful 原则的应用程序编程接口。RESTful 原则强调网络上的资源及资源之间的状态转移。

以下是 Kubernetes RESTful API 的一些关键特点。

（1）资源（Resources）：在 Kubernetes RESTful API 中，所有数据都被视为资源。每个资源都有一个唯一的资源标识符（URI），且可以通过 HTTP 方法（通常是 GET 方法、POST 方法、PUT 方法、DELETE 方法）执行相关操作。

（2）状态无关（Stateless）：RESTful 服务是无状态的，这意味着每个请求都包含足够的信息，使服务器能够理解和处理请求。服务器不会存储客户端的状态，每个请求都是独立的。

（3）统一的接口（Uniform Interface）：Kubernetes RESTful API 使用统一的接口，包括资源标识符、资源操作（通过 HTTP 方法）和表示形式（通常是 JSON、XML）。这种统一性使得不同的服务器和客户端能够更容易进行交互。

（4）客户端-服务器（Client-Server）架构：这种架构分离了客户端和服务器的关注点，使它们可以独立地演化和扩展。客户端负责用户界面和用户体验，服务器负责数据存储和数据处理。

（5）可缓存性（Cacheability）：RESTful 服务可以使用缓存来提高性能。服务器可以在响应中包含缓存标记，客户端则可以根据这些标记缓存响应，避免重复请求相同的资源。

（6）按需状态（State on Demand）：服务器的状态不应该被保存在服务器中，而应该由客户端在需要时从服务器中获取，这保持了服务器的简单性和可伸缩性。

Kubernetes RESTful API 通常使用 HTTP 作为通信协议，与 Web 应用和服务的集成非常自然。开发者可以使用各种编程语言和工具来构建与消费 Kubernetes RESTful API。JSON 和 XML 通常是 Kubernetes RESTful API 中用于数据交换的常见格式。

3）Kubernetes Python SDK 与 Kubernetes RESTful API 的关系

（1）Kubernetes Python SDK 通常作为与服务或平台的 Kubernetes RESTful API 进行交互的客户端。Kubernetes Python SDK 封装了访问 API 的细节，提供了高级别的接口和方法，使得开发者能够更轻松地在 Python 应用中使用目标服务的功能，而不必直接处理请求和其他低级别的细节。

（2）使用 Kubernetes Python SDK 可以抽象化和简化与 Kubernetes RESTful API 交互的过程。通过 Kubernetes Python SDK，开发者无须手动构建请求、处理认证、解析响应等烦琐的任务，可以使用更高级别、更直观的 Python 代码来完成这些任务。

（3）Kubernetes Python SDK 通常附带使用 Kubernetes RESTful API 的示例代码和文档，这些资源有助于开发者更快地了解如何使用 Kubernetes RESTful API 的不同功能，以及如何在 Python 项目中集成 Kubernetes Python SDK。

（4）在某些情况下，Kubernetes RESTful API 提供者可能会在 Kubernetes Python SDK 中管理版本，以确保开发者可以很方便地使用 Kubernetes RESTful API 的最新版本。Kubernetes Python SDK 提供自动更新功能，这使开发者能够轻松地升级到 Kubernetes RESTful API 的新功能。

（5）Kubernetes Python SDK 通常包含对 Kubernetes RESTful API 响应的错误和异常处理，这使得开发者可以更容易地处理因网络问题、无效请求等而导致的问题，提高了应用的稳定性和可靠性。

3．Python 在 Kubernetes 中的应用

（1）Python 提供的强大的 Kubernetes Python 客户端库，如 kubernetes-client，可以与 Kubernetes API 进行交互。这使得开发者可以通过 Python 编写脚本来管理和监控 Kubernetes 集群，执行创建、删除、调整等操作。

（2）使用 Python 编写的自定义控制器（Custom Controller）可以根据特定的需求自定义 Kubernetes 集群的行为。这些自定义控制器可以通过监视 Kubernetes API 并采取相应的措施来实现自动化操作，如自动伸缩、自定义资源定义的处理等。

（3）使用 Python 可以创建的 Operator 是一种自动化应用的运维工具，能够通过 Kubernetes API 进行管理。使用 Operator，开发者可以编写具有自我治理和自我运维能力的程序。

（4）Python 是一种常用的编程语言，许多应用和微服务都是使用 Python 编写的。在 Kubernetes 中部署 Python 应用是很常见的，通过容器虚拟化技术，可以将 Python 应用打包为 Docker 镜像，并在 Kubernetes 中进行部署和管理。

（5）使用 Python 编写的 Kubernetes 的自动化脚本，可以执行各种任务，如批量操作、配置管理、日志分析等，这样有助于简化运维工作，提高效率。

（6）Python 是云原生开发的一种常用语言，可以用于编写与 Kubernetes 集成的云原生程序，包括使用 Kubernetes 进行容器编排和服务发现等。

（7）使用 Python 编写的测试和部署工具可以被集成到 CI/CD（Continuous Integration/Continuous Delivery，持续集成/持续交付）流水线中，用于在 Kubernetes 中执行单元测试、集成测试和部署操作。

总体而言，Python 在 Kubernetes 中扮演了重要的角色，Python 提供了丰富的工具和库，这使得开发者能够更轻松地与 Kubernetes 进行交互、管理和扩展。

Python 常被用于构建自定义控制器，作为 Kubernetes 自定义控制器框架的一部分。通过 Python 编写的自定义控制器可以根据特定的需求自定义 Kubernetes 集群的行为。这种高度可扩展的方式允许开发者实现自动化操作。

任务 5.1　基于 Kubernetes Python SDK 实现 Deploy 的管理

1．任务描述

本任务旨在帮助读者学习如何使用 Kubernetes Python SDK 编写 Python 脚本，以实现在 Kubernetes 集群中管理 Deploy。本任务侧重于深入对 Kubernetes 基本概念的介绍，并注重 Kubernetes Python SDK 在 Deploy 中配置和创建方面的实际运用。

通过学习本任务，读者将能够丰富知识和技能，深入理解 Kubernetes 的核心概念，熟练使用 Kubernetes Python SDK，熟悉 Deploy 的配置等。此外，通过学习本任务，读者将能够独立编写 Python 脚本，通过 Kubernetes Python SDK 在集群中创建定制化的 Deploy，为后续在云原生环境中的实际工作提供强有力的支持。

2．任务分析

1）规划节点

使用银河麒麟服务器操作系统规划节点，如表 5-2 所示。

表 5-2　规划节点

IP 地址	主机名	节点
192.168.111.10	Master	Kylin 服务器控制节点
192.168.111.11	Worker	Kylin 服务器工作节点

2）基础准备

使用本地 PC 环境下的 VMware Workstation 进行实操练习，使用 Kylin-Server-10-SP2-Release-Build09-20210524-x86_64.iso 镜像文件，将主机类型设置为 4vcpu、8GB 内存、100GB 磁盘；使用 NAT 网络模式，将 Master 节点的 IP 地址设置为 192.168.111.10，将 Worker 节点的 IP 地址设置为 192.168.111.11，将网关的 IP 地址设置为 192.168.111.254，将主机密码设置为 Kylin2023，自行为虚拟机配置 IP 地址。

连接虚拟机后，需要将所需的软件包 Kylin-Python3.tar.gz 上传到服务器中。

3．任务实施

（1）安装 Python 3.6.8。

使用 tar 命令解压缩软件包 Kylin-Python3.tar.gz。

```
[root@master ~]# mv Kylin-Python3.tar.gz /opt/
[root@master ~]# cd /opt/
[root@master opt]# tar zxf Kylin-Python3.tar.gz
```

解压缩后，查看对应的目录文件。

```
[root@master opt]# ls Kylin-py3
package  py-install  Python-3.6.8  whl
```

进入安装目录，执行一键安装脚本。

```
[root@master opt]# cd Kylin-py3
[root@master Kylin-py3]# ./py-install
#省略安装输出内容
Package            Version
------------------ ----------
cachetools         4.2.4
certifi            2023.11.17
charset-normalizer 2.0.12
google-auth        2.22.0
idna               3.6
kubernetes         28.1.0
oauthlib           3.2.2
pip                18.1
pyasn1             0.5.1
pyasn1-modules     0.3.0
```

```
python-dateutil      2.8.2
PyYAML               6.0.1
requests             2.27.1
requests-oauthlib    1.3.1
rsa                  4.9
setuptools           40.6.2
six                  1.16.0
urllib3              1.26.18
websocket-client     1.3.1
Python 执行命令：python3.6 xxxx.py
```

从上面的输出内容中可以看到出现了"Python 执行命令：python3.6 xxxx.py"，说明脚本执行成功。下面使用 Python 命令检查脚本是否安装成功。

```
[root@master Kylin-py3]# python3.6
Python 3.6.8 (default, Dec 18 2023, 00:01:18)
[GCC 7.3.0] on linux
Type "help", "copyright", "credits" or "license" for more information.
>>>
```

确保进入到 Python 终端后提示的版本号为 3.6.8。

（2）准备读取的 YAML 文件。将软件包 Kylin-PyDeploy.tar.gz 上传到服务器中，并通过命令移动到/opt/目录下，进行解压缩操作。

```
[root@master Kylin-py3]# mv ~/Kylin-PyDeploy.tar.gz  .
[root@master Kylin-py3]# cd /opt
[root@master opt]# tar zxf Kylin-PyDeploy.tar.gz
```

解压缩后，进入 Kylin-PyDeploy 目录，可以看到一些之后会用到的 YAML 文件。

```
[root@master opt]# cd Kylin-PyDeploy
[root@master Kylin-PyDeploy]# ls
deployment_sdk_dev.json      nginx-pod00.yaml   python-dev-pod1.yaml        python-dev-svc1.yaml
service_update.yaml
main.py                      nginx-pod01.yaml   python-dev-pod2.yaml        python-dev-svc2.yaml
spec-pi-job.yaml
nginx-deployment-update.yaml nginx-pod02.yaml   python-dev-pod3.yaml        python-dev-svc3.yaml
nginx-deployment.yaml        nginx-pod03.yaml   python-dev-pod-nginx2.yaml  service_api_dev.json
```

（3）编写获取 kube_config 文件的代码。

加载 Kubernetes 的配置。在 Kubernetes 中，配置文件是用来指定连接到 Kubernetes 集群所需信息的重要文件。kube_config 文件中包含了关于集群、用户和上下文的配置，主要用于告诉 Kubernetes 客户端如何与集群通信，以及使用哪个身份来执行操作。

```
# 模块一：加载 Kubernetes 的配置
from kubernetes import config
def load_kube_configuration(config_file='kube_config'):
    """
```

从指定文件加载 Kubernetes 的配置。
    参数：
        config_file (str): Kubernetes 的配置的路径。
"""
    config.load_kube_config(config_file=config_file)

可以看到，配置文件已经被指定为 kube-config。因此，需要复制 Kubernetes 的配置到当前目录下，将其保存并命名为 kube-config。

[root@master Kylin-PyDeploy]# cp ~/.kube/config kube_config

from kubernetes import config 用于导入 Kubernetes Python 客户端库中的 config 模块。config 模块提供了一些函数，用于加载 Kubernetes 的配置。

load_kube_configuration(config_file='kube_config') 用于加载指定路径的配置文件。在默认情况下，会查找 ~/.kube/config 文件，但是可以通过传递参数 config_file 来指定其他文件的路径。

config.load_kube_config(config_file=config_file) 用于调用 config 模块中的 load_kube_config() 函数加载了指定路径的 Kubernetes 的配置。

（4）编写读取 YAML 文件内容的函数。

要编写一个 YAML 文件，以将其内容发送到 Kubernetes API Server 上创建资源，就需要先编写一个读取文件的函数。

```
# 模块二：读取 YAML 文件
import yaml
import os

def read_yaml(file_path):
    """
    读取并解析 YAML 文件。
        参数：
        file_path (str): YAML 文件的路径。
        返回：
        dict: 解析后的 YAML 文件的内容。
    """
    if not os.path.exists(file_path):
        raise FileNotFoundError(f"文件 '{file_path}' 不存在。")
    with open(file_path, encoding='utf-8') as file:
        yaml_content = yaml.safe_load(file.read())
    return yaml_content
```

os.path.exists(file_path) 用于检查文件是否存在。如果文件不存在，那么抛出 FileNotFoundError 异常，并显示一个带有文件的路径的错误信息。os.path.exists(file_path) 用于指示指定路径是否存在，返回一个布尔值。

with open(file_path, encoding='utf-8') as file: 用于使用 with 语句打开文件，确保读取完文件后自动关闭文件。open(file_path, encoding='utf-8') 用于打开文件并指定 UTF-8 编码，以确保正确处理中文字符。读取 YAML 文件，是为了获取部署的定义，确保后续部署使用了正确的配置。

yaml_content = yaml.safe_load(file.read())用于读取文件，并使用 PyYAML 库中的 safe_load()函数将 YAML 文件解析为 Python 对象。

（5）编写创建 Kubernetes 资源的代码。

这里主要使用 Kubernetes Python 客户端库中的 client 模块，其中包含 Kubernetes API 客户端。下面详细介绍每个函数的作用和一些常用的参数。

① delete_existing_deployment ()函数。

```python
def delete_existing_deployment(k8s_api, deployment_name, namespace='default'):
    """
    尝试删除现有的部署。

    参数:
        k8s_api: Kubernetes API 客户端
        deployment_name (str): 要删除的部署的名称
        namespace (str): 部署所在的 Namespace
    """
    try:
        k8s_api.delete_namespaced_deployment(deployment_name, namespace)
        print(f"成功删除现有的部署 '{deployment_name}'。")
    except client.rest.ApiException as e:
        if e.status == 404:
            print(f"部署 '{deployment_name}' 不存在。")
        else:
            print(f"删除现有的部署 '{deployment_name}' 时发生错误: {e}")
```

delete_existing_deployment()函数用于删除现有的部署，主要使用 delete_namespaced_deployment ()函数，使用该函数会删除指定 Namespace 中的部署。

delete_existing_deployment()函数的常用参数如下。

k8s_api：Kubernetes API 客户端，用于执行操作。

deployment_name(str)：要删除的部署的名称。

namespace (str)：部署所在的 Namespace，默认值为 default。

delete_namespaced_deployment()函数的常用参数如下。

deployment_name（必填）：要删除的部署的名称。

namespace（可选）：部署所在的 Namespace，默认值为 default。

② create_new_deployment()函数。

```python
def create_new_deployment(k8s_api, namespace, deployment_body):
    """
    创建新的部署。

    参数:
        k8s_api: Kubernetes API 客户端。
        namespace (str): 部署所在的 Namespace。
```

```
        deployment_body (dict): 部署的定义。
    """
    try:
        k8s_api.create_namespaced_deployment(namespace, body=deployment_body)
        print("成功创建新的部署。")
    except client.rest.ApiException as e:
        print(f"创建新的部署时发生错误: {e}")
```

create_new_deployment()函数的参数与 delete_existing_deployment()函数的参数类似，这里不再过多解释。

③ read_deployment_info()函数。

```
def read_deployment_info(k8s_api, deployment_name, namespace='default'):
    """
    读取部署的信息。

    参数:
        k8s_api: Kubernetes API 客户端。
        deployment_name (str): 部署的名称。
        namespace (str): 部署所在的 Namespace。

    返回:
        dict: 部署的信息。
    """
    try:
        deployment_info = k8s_api.read_namespaced_deployment(deployment_name, namespace)
        print(f"成功读取部署 '{deployment_name}' 的信息。")
        return deployment_info
    except client.rest.ApiException as e:
        if e.status == 404:
            print(f"部署 '{deployment_name}' 不存在。")
        else:
            print(f"读取部署 '{deployment_name}' 的信息时发生错误: {e}")
        return None
```

read_deployment_info()函数的参数与 delete_existing_deployment()函数的参数类似，但是需要注意，如果没有资源，那么返回 None。在正常情况下，如果部署存在，那么返回部署的信息。

综上所述，delete_existing_deployment()函数用于删除现有的部署，create_new_deployment()函数用于创建新的部署，而 read_deployment_info()函数用于读取部署的信息。

调用这些函数之前，需要确保参数的有效性和权限。

在使用这些函数时，应关注可能出现的异常情况，如部署不存在或操作失败等。

④ 写入 JSON 文件的函数。

如果直接输出部署的信息，那么信息量会非常大，不便于处理。因此。最好将部署的信息写入一个文件。

```
def write_to_json_file(data, file_path):
    """
    将信息写入 JSON 文件。

    参数:
        data: 要写入的信息。
        file_path (str): 目标 JSON 文件的路径。
    """
    with open(file_path, 'w') as file:
        file.write(str(data))
        print(f"信息已被写入 {file_path}。")
```

⑤ 主函数。

```
def main():
    # 加载 Kubernetes 的配置
    load_kube_configuration()

    # 创建 Kubernetes API 客户端
    k8s_api = client.AppsV1Api()

    # 读取部署的 YAML 文件
    deployment_yaml_path = 'nginx-deployment.yaml'
    deployment_definition = read_yaml(deployment_yaml_path)

    # 尝试删除现有的部署
    delete_existing_deployment(k8s_api, 'nginx-deployment')

    # 创建新的部署
    create_new_deployment(k8s_api, 'default', deployment_definition)

    # 读取部署的信息
    deployment_info = read_deployment_info(k8s_api, 'nginx-deployment')

    #检查部署的信息
    if deployment_info:
        # 将部署的信息写入 JSON 文件
        deployment_json_path = 'deployment_sdk_dev.json'
        write_to_json_file(deployment_info, deployment_json_path)


if __name__ == "__main__":
    main()
```

下面逐步分析主函数的运行流程。

- 加载 Kubernetes 的配置：使用 load_kube_configuration()函数加载 Kubernetes 的配置，这通常包括连接到 Kubernetes 集群所需的认证信息和其他配置。

- 创建 Kubernetes API 客户端：使用 client.AppsV1Api()函数创建 Kubernetes API 客户端，该客户端用于与 Kubernetes 集群交互。
- 读取部署的 YAML 文件：指定 deployment_yaml_path 为 'nginx-deployment.yaml'，该文件包含了 Kubernetes 部署的配置；使用 read_yaml(deployment_yaml_path)读取 YAML 文件并解析其内容，将部署的定义保存在变量 deployment_definition 中。
- 尝试删除现有的部署：调用 delete_existing_deployment(k8s_api, 'nginx-deployment')，尝试删除名为 nginx-deployment 的现有的部署。如果部署不存在或删除失败，那么函数会输出相应的错误信息。
- 创建新的部署：调用 create_new_deployment(k8s_api, 'default', deployment_definition)，在 default 中创建一个新的部署。使用之前从 YAML 文件中读取的部署定义变量 deployment_definition。
- 读取部署的信息：调用 read_deployment_info(k8s_api, 'nginx-deployment')，读取名为 nginx-deployment 的部署的信息，并将其保存在变量 deployment_info 中。
- 检查部署的信息：使用 if deployment_info:检查是否成功读取了部署的信息。如果 deployment_info 有值（已成功读取部署的信息），那么继续执行下面的流程。
- 将部署的信息写入 JSON 文件：指定 deployment_json_path 为'deployment_sdk_dev.json'，这是目标 JSON 文件的路径；调用 write_to_json_file(deployment_info, deployment_json_path)，将从 Kubernetes 集群中读取的部署的信息写入 JSON 文件。

总体来说，主函数的主要目标是与 Kubernetes 集群交互，管理部署的生命周期（删除现有的部署和创建新的部署），以及将部署的信息保存为 JSON 文件。

（6）执行 Python 脚本。

下面执行上面的 Python 脚本（完整的代码就是将各个函数写入同一个文件的代码），这里先将全部内容写入 deploy-sdk.py 文件，再执行。

```
[root@master Kylin-PyDeploy]# python3.6 deploy-sdk.py
部署 'nginx-deployment' 不存在。
成功创建新的部署。
成功读取部署 'nginx-deployment' 的信息。
数据已被写入 deployment_sdk_dev.json 文件。
```

通过 JSON 文件或命令，查看对应的资源是否被成功部署。

```
[root@master Kylin-PyDeploy]# cat deployment_sdk_dev.json
{'api_version': 'apps/v1',
 'kind': 'Deployment',
 'metadata': {'annotations': None,
              'creation_timestamp': datetime.datetime(2023, 12, 13, 20, 3, 32, tzinfo=tzutc()),
              'deletion_grace_period_seconds': None,
              'deletion_timestamp': None,
              'finalizers': None,
              'generate_name': None,
              'generation': 1,
#省略返回的内容
```

```
[root@master Kylin-PyDeploy]# kubectl get deploy
NAME                    READY    UP-TO-DATE    AVAILABLE    AGE
nginx-deployment        0/3      3             0            19m
```

 # 任务 5.2　基于 Kubernetes RESTful API 实现 Service 的管理

1. 任务描述

本任务旨在帮助读者学习如何基于 Kubernetes RESTful API 管理对应的 Service。为此，需要确保集群的连通性、正确的认证机制，以及准确的请求体。一旦成功调用 Kubernetes RESTful API 并创建 Service，将验证其状态并确保其正常运行。通过学习本任务，读者将能够深入地了解 Kubernetes RESTful API 的请求方式，并掌握如何通过编程手段管理 Kubernetes 资源。

2. 任务分析

1）规划节点

使用银河麒麟服务器操作系统规划节点，如表 5-3 所示。

表 5-3　规划节点

IP 地址	主机名	节点
192.168.111.10	Master	Kylin 服务器控制节点
192.168.111.11	Worker	Kylin 服务器工作节点

2）基础准备

使用本地 PC 环境下的 VMware Workstation 进行实操练习，使用 Kylin-Server-10-SP2-Release-Build09-20210524-x86_64.iso 镜像文件，将主机类型设置为 4vcpu、8GB 内存、100GB 磁盘；使用 NAT 网络模式，将 Master 节点的 IP 地址设置为 192.168.111.10，将 Worker 节点的 IP 地址设置为 192.168.111.11，将网关的 IP 地址设置为 192.168.111.254，将主机密码设置为 Kylin2023，自行为虚拟机配置 IP 地址。

连接虚拟机后，需要将所需的软件包 Kylin-Python3.tar.gz 上传到服务器中。

3. 任务实施

本任务将使用 kubectl 命令创建一个生成 Kubernetes 集群最高权限的 admin 用户的 token，其中的 cluster-admin 表示允许超级用户在平台的任何资源中执行所有操作。当在 ClusterRoleBinding 中使用时，可以授权对集群及 Namespace 中的所有资源进行完全控制。当在 RoleBinding 中使用时，可以授权控制角色绑定所在 Namespace 中的所有资源，包括 Namespace 本身。

（1）创建一个 admin 用户及其权限。

新增 admin-role.yaml 文件，并将相关用户的权限配置写入该文件。

```
[root@master Kylin-PyDeploy]# cat admin-role.yaml
kind: ClusterRoleBinding
apiVersion: rbac.authorization.k8s.io/v1
metadata:
  name: admin
  annotations:
    rbac.authorization.kubernetes.io/autoupdate: "true"
roleRef:
  kind: ClusterRole
  name: cluster-admin
  apiGroup: rbac.authorization.k8s.io
subjects:
- kind: ServiceAccount
  name: admin
  namespace: kube-system
---
apiVersion: v1
kind: ServiceAccount
metadata:
  name: admin
  namespace: kube-system
  labels:
    kubernetes.io/cluster-service: "true"
    addonmanager.kubernetes.io/mode: Reconcile
```

通过 admin-role.yaml 文件创建 admin 用户及其权限。

```
[root@master Kylin-PyDeploy]# kubectl apply -f admin-role.yaml
clusterrolebinding.rbac.authorization.k8s.io/admin created
serviceaccount/admin created
```

使用 kubectl 命令查看刚刚创建的 admin 用户。

```
[root@master Kylin-PyDeploy]# kubectl -n kube-system get secret|grep admin-token
admin-token-spr9h                    kubernetes.io/service-account-token   3        11m
```

使用 grep 命令单独查看用户的 token 对应的密钥名称，通过这个密钥名称查看用户的 token。

```
[root@master Kylin-PyDeploy]# kubectl describe secret admin-token-spr9h -n kube-system
Name:         admin-token-spr9h
Namespace:    kube-system
Labels:       <none>
Annotations:  kubernetes.io/service-account.name: admin
              kubernetes.io/service-account.uid: 6698f981-41dd-4660-a8f9-2bc444a74f0f

Type:  kubernetes.io/service-account-token
```

Data
====

ca.crt:　　　1099 bytes
namespace:　11 bytes
token:

eyJhbGciOiJSUzI1NiIsImtpZCI6ImRQRGhUdXZrN29IQVpieXU2NXI4YlFQY3ZoOXRINi0tdzhkeFdyMy1ZVFkifQ.eyJpc3MiOiJrdWJlcm5ldGVzL3NlcnZpY2VhY2NvdW50Iiwia3ViZXJuZXRlcy5pby9zZXJ2aWNlYWNjb3VudC9uYW1lc3BhY2UiOiJrdWJlLXN5c3RlbSIsImt1YmVybmV0ZXMuaW8vc2VydmljZWFjY291bnQvc2VjcmV0Lm5hbWUiOiJhZG1pbi10b2tlbi1zcHI5aCIsImt1YmVybmV0ZXMuaW8vc2VydmljZWFjY291bnQvc2VydmljZS1hY2NvdW50Lm5hbWUiOiJhZG1pbiIsImt1YmVybmV0ZXMuaW8vc2VydmljZWFjY291bnQvc2VydmljZS1hY2NvdW50LnVpZCI6IjY2OThmOTgxLTQxZGQtNDY2MC1hOGY5LTJiYzQ0NGE3NGYwZiIsInN1YiI6InN5c3RlbTpzZXJ2aWNlYWNjb3VudDprdWJlLXN5c3RlbTphZG1pbiJ9.VGp3Si5S09xz8H2W5cYuYS0wVB-6yn0Eh0Mlz7ILFG4YZapvpVZCH1XyO2SBea3jxQBBHQXO7-0ZZGARC2FAVTjsjXhb58YN0SbQdXP6crTYGrTdVxSgwQbl2mCXuYo4cXf0pwAnCNqobTlrd4DUowDqvgRFdUKiBD7seVct1ZM3irSp0iDaUFj80pN6TwyxjCY01h1cMRMwEIaO_wZYcN9mn5QxEXZ9Tbyhec5bIOHHtiaPL9FbePtC29c_c6UAxdKED4Z4Rbb2yPCl8Fud27WYsY1No6KmNRxjgpWIA8EK-gqTf87Z85iNmIu-I1qvla0Sx1quQqLgpZ47IIIAog

可以看到，有很长的一串 token。保存这串 token，后面需要通过这串 token 来获取登录凭证。

（2）编写定义 token 及 HTTP 请求头的函数。

```python
def set_headers(token):
    """
    设置 HTTP 请求头。
    参数:
        token (str): 访问令牌。
    返回:
        dict: HTTP 请求头。
    """
    return {
        "Content-Type": "application/json",
        "Authorization": token
    }
```

上述函数用于返回一个字典，包含预设的 HTTP 请求头。

"Content-Type": "application/json"：表示发送的请求主体的格式为 JSON。

"Authorization": token：表示使用传入的 token 作为身份验证或授权凭据。

（3）编写获取服务的函数。

```python
def get_service(url, headers):
    """
    检查指定的服务是否存在。
    参数:
        url (str): 服务的 API URL。
        headers (dict): HTTP 请求头。
```

```
返回:
    bool or str: 如果服务存在，那么返回 True；如果服务不存在或出现其他类型的错误，那么返回
响应。
    """
    response = requests.get(url, headers=headers, verify=False)
    if response.status_code == 200:
        return True
    else:
        return response.text
```

上述函数通过提供的 API URL 及 HTTP 请求头发送一个 GET 请求来访问服务。在函数执行过程中，如果响应的状态码是 200，那么服务存在，函数返回 True；反之，如果响应的状态码不是 200，那么服务可能不存在或出现其他类型的错误。在这种情况下，函数不直接返回布尔值，而返回响应，以供后续进一步的处理或错误诊断。当 get_service()函数成功执行并从 Kubernetes API 服务器中接收到响应时，实际上返回的是 Kubernetes API 服务器提供的关于特定服务的详细配置和状态信息的原始文本。这些信息可能包括服务名、Namespace、类型、选择器、端点、Label、注释等。具体的返回内容会根据 Kubernetes 集群中服务的配置和状态而异。这个原始的响应文本的格式可能是 JSON，其中包含所有与服务相关的详细信息。

（4）编写删除服务的函数。

```
def delete_service(url, headers):
    """
    删除指定的服务。
    参数:
        url (str): 服务的 API URL。
        headers (dict): HTTP 请求头。
    """
    if get_service(url, headers):
        response = requests.delete(url, headers=headers, verify=False)
        if response.status_code == 200:
            print(f"成功删除服务。")
        else:
            print(f"删除服务失败。响应状态码：{response.status_code}，响应文本：{response.text}")
    else:
        print(f"服务不存在，无须删除。")
```

当调用 delete_service()函数时，需要提供两个关键参数，即 url 和 headers。首先，使用 get_service()函数检查指定的服务是否存在。如果服务存在，那么使用 requests.delete()方法发送一个 DELETE 请求到指定的 API URL 中。这是一个常见的 HTTP 方法，用于请求服务器删除指定的资源。发送请求后，函数会检查服务器的响应状态码。如果响应状态码为200，那么通常表示已成功删除服务，函数会输出相应的成功消息；如果响应状态码不为200，那么表示未成功删除服务，函数会输出相应的错误信息，其中包括服务器返回的响应状态码和具体的响应文本。如果 get_service()函数返回 False，那么表示指定的服务在服务器中

不存在，delete_service()函数会输出相应的信息，说明服务不存在，无须进行删除操作。总体来说，delete_service()函数为用户提供了一个简洁且直观的方法来删除服务，并在操作完成后提供了相关的反馈信息。

（5）编写创建服务的函数。

```
def create_service(url, headers, data):
    """
    创建指定的服务。
    参数:
        url (str): 服务的 API URL。
        headers (dict): HTTP 请求头。
        data (str): 要发送的创建数据。
    返回:
        str: 响应。
    """
    response = requests.post(url, headers=headers, verify=False, data=data)
    print(response.text)
    return response.text
```

create_service()函数用于发送 POST 请求到创建资源的接口中。参数 data 下面将会有一个专门读取 YAML 文件的函数，用于获取结果，将格式化的结果赋给参数 data 并传递参数到接口中。发送请求后，create_service()函数会输出响应，具体返回的通常为创建服务的详细信息。

（6）编写更新服务的函数。

```
def update_service(url, headers, data):
    """
    更新指定的服务。
    参数:
        url (str): 服务的 API URL。
        headers (dict): HTTP 请求头。
        data (str): 要发送的更新数据。
    返回:
        str: 响应。
    """
    headers = {
        "Content-Type": "application/merge-patch+json",
        "Authorization": token
        }

    response = requests.patch(url, headers=headers, verify=False, data=data)
    print(response.text)
    return response.text
```

调用 update_service()函数旨在更新 Kubernetes 集群中指定服务的配置。在调用 update_service()函数时，首先需要提供服务的 API URL、HTTP 请求头和要发送的更新数据。在函数内部，需要设置特定的 HTTP 请求头。设置 Content-Type 为 application/merge-patch+json，表示 Kubernetes API 服务器使用部分更新（Merge Patch）的方式处理请求；设置 Authorization 为 token，是为了身份验证。

其次需要使用 Python 的 requests 库，发送 PATCH 请求到指定的 API URL 中，这个请求包含先前设置的 HTTP 请求头和要发送的更新数据。Kubernetes API 服务器会处理这个请求，根据要发送的更新数据来更新指定服务的配置。一旦收到来自 Kubernetes API 服务器的响应，update_service()函数就会将响应的原始文本输出到控制台上，并将响应的原始文本作为函数的返回值。这样调用者可以进一步查看、分析或处理更新后的服务配置和任何相关的状态。

（7）编写读取 YAML 文件的函数。

```
def read_yaml_file(file_name):
    """
    读取并解析 YAML 文件。
    参数:
        file_name (str): YAML 文件的路径。
    返回:
        str: JSON 文件。
    """
    with open(file_name, encoding='utf-8') as f:
        return json.dumps(yaml.safe_load(f.read()))
```

read_yaml_file()函数用于读取和解析指定路径的 YAML 文件。在调用 read_yaml_file()函数时，需要提供一个 YAML 文件的路径作为输入参数。首先，尝试打开这个 YAML 文件，并以 UTF-8 编码读取 YAML 文件。其次，使用 yaml.safe_load()方法，将读取的 YAML 文件解析为 Python 数据结构。为了方便后续处理或存储，read_yaml_file()函数将这个解析后的 Python 数据结构转换为 JSON 字符串，这是通过调用 json.dumps()方法完成的。最后，read_yaml_file()函数返回 JSON 文件，这样调用者即可很方便地使用这些数据进行进一步的分析或存储，而无须担心 YAML 格式的复杂性。

（8）编写主函数。

```
if __name__ == "__main__":
    token = 'bearer #追加刚开始获取的 token'    # token
    headers = set_headers(token)

    service_name = "nginx-svc1"
    create_file = "python-dev-svc1.yaml"
    update_file = "service_update.yaml"

    # 删除服务
    delete_service_url = f'https://127.0.0.1:6443/api/v1/namespaces/default/services/{service_name}'
    delete_service(delete_service_url, headers)

    # 创建服务
```

```
service_data = read_yaml_file(create_file)
create_service_url = 'https://127.0.0.1:6443/api/v1/namespaces/default/services'
create_service(create_service_url, headers, service_data)

# 获取服务
get_service_url = f'https://127.0.0.1:6443/api/v1/namespaces/default/services/{service_name}'
get_service(get_service_url, headers)

# 更新服务
update_service_url = f'https://127.0.0.1:6443/api/v1/namespaces/default/services/{service_name}'
update_data = read_yaml_file(update_file)
update_service(update_service_url, headers, update_data)
```

上述代码首先定义一个 token，这是用于身份验证的令牌，确保对 Kubernetes API 的请求是合法的；其次利用这个令牌创建了 HTTP 请求头，可以看到定义了 3 个变量，即 service_name、create_file、update_file，分别对应服务名、创建的文件名、更新的文件名。

上述代码涉及 4 个核心操作，即删除服务、创建服务、获取服务和更新服务。

删除服务：使用已定义的服务名 nginx-svc1 和其 API URL。此操作的目的是从 Kubernetes 集群中删除指定的服务。如果服务存在并成功被删除，那么其状态信息会被输出到控制台上。

创建服务：读取名为 python-dev-svc1.yaml 的 YAML 文件，这个文件包含要创建的服务的配置。首先读取并解析这个 YAML 文件，其次使用这些配置向 Kubernetes 提交一个请求，请求的目的是创建一个新服务。如果创建成功，那么相应的响应会被输出到控制台上。

获取服务：与创建服务类似，但是此操作获取的是名为 nginx-svc1 的服务的详细信息。发送一个 GET 请求到 Kubernetes API 中，获取服务的配置和状态。如果获取成功，那么相应的响应会被输出到控制台上。

更新服务：使用名为 service_update.yaml 的 YAML 文件。此操作的目的是更新 nginx-svc1 的配置。首先，读取并解析该 YAML 文件，其次向该 YAML 文件发送一个 PATCH 请求到 Kubernetes API 中，使用新的配置数据更新服务。如果更新成功，那么相应的响应会被输出到控制台上。

（9）完整的程序代码。

```
import requests
import json
import yaml
import urllib3

urllib3.disable_warnings()

def set_headers(token):
    return {
        "Content-Type": "application/json",
        "Authorization": token
```

```
    }

def delete_service(url, headers):
    response = requests.get(url, headers=headers, verify=False)
    if response.status_code == 200:
        response = requests.delete(url, headers=headers, verify=False)
        if response.status_code == 200:
            print(f"成功删除服务。")
        else:
            print(f"删除服务失败。响应状态码：{response.status_code}，响应文本：{response.text}")
    else:
        print(f"服务不存在，无须删除。")


def create_service(url, headers, data):
    response = requests.post(url, headers=headers, verify=False, data=data)
    print(response.text)
    return response.text


def get_service(url, headers):
    response = requests.get(url, headers=headers, verify=False)
    print(response.text)
    return response.text


def update_service(url, headers, data):
    headers = {
        "Content-Type": "application/merge-patch+json",
        "Authorization": token
        }

    response = requests.patch(url, headers=headers, verify=False, data=data)
    print(response.text)
    return response.text


def read_yaml_file(file_name):
    with open(file_name, encoding='utf-8') as f:
        return json.dumps(yaml.safe_load(f.read()))


if __name__ == "__main__":
    token = 'bearer
```
eyJhbGciOiJSUzI1NiIsImtpZCI6ImRQRGhUdXZrN29IQVpieXU2NXI4YlFQY3ZoOXRINi0tdzhkeFdyMy1ZVFkifQ.eyJpc3MiOiJrdWJlcm5ldGVzL3NlcnZpY2VhY2NvdW50Iiwia3ViZXJuZXRlcy5pby9zZXJ2aWNlYWNjb3VudC9uYW1lc3BhY2UiOiJrdWJlLXN5c3RlbSIsImt1YmVybmV0ZXMuaW8vc2VydmljZWFjY291bnQvc2VjcmV0Lm5hbWUiOiJhZG1pbi10b2tlbi1zcHI5aCIsImt1YmVybmV0ZXMuaW8vc2VydmljZWFjY291bnQvc2Vy jcmV0Lm5hbWUiOiJhZG1pbi10b2tlbi1zcHI5aCIsImt1YmVybmV0ZXMuaW8vc2VydmljZWFjY291bnQvc2Vy

dmljZS1hY2NvdW50Lm5hbWUiOiJhZG1pbiIsImt1YmVybmV0ZXMuaW8vc2VydmljZWFjY291bnQvc2Vydm
ljZS1hY2NvdW50LnVpZCI6IjY2OThmOTgxLTQxZGQtNDY2MC1hOGY5LTJiYzQ0NGE3NGYwZiIsInN1Yi
I6InN5c3RlbTpzZXJ2aWNlYWNjb3VudDpkZWZhdWxlXN5c3RlbTphZG1pbiJ9.VGp3Si5S09xz8H2W5cYuYS0wV
B-6yn0Eh0Mlz7ILFG4YZapvpVZCH1XyO2SBea3jxQBBHQXO7-
0ZZGARC2FAVTjsjXhb58YN0SbQdXP6crTYGrTdVxSgwQbl2mCXuYo4cXf0pwAnCNqobTlrd4DUowDqvg
RFdUKiBD7seVct1ZM3irSp0iDaUFj80pN6TwyxjCY01h1cMRMwEIaO_wZYcN9mn5QxEXZ9Tbyhec5bIOH
HtiaPL9FbePtC29c_c6UAxdKED4Z4Rbb2yPCl8Fud27WYsY1No6KmNRxjgpWIA8EK-gqTf87Z85iNmIu-
I1qvla0Sx1quQqLgpZ47IIIAog' # token

```
        headers = set_headers(token)
        service_name = "nginx-svc1"
        create_file = "python-dev-svc1.yaml"
        update_file = "service_update.yaml"
        # 删除服务
        delete_service_url = f'https://127.0.0.1:6443/api/v1/namespaces/default/services/{service_name}'
        delete_service(delete_service_url, headers)
        # 创建服务
        service_data = read_yaml_file(create_file)
        create_service_url = 'https://127.0.0.1:6443/api/v1/namespaces/default/services'
        create_service(create_service_url, headers, service_data)
        # 获取服务
        get_service_url = f'https://127.0.0.1:6443/api/v1/namespaces/default/services/{service_name}'
        get_service(get_service_url, headers)
        # 更新服务
        update_service_url = f'https://127.0.0.1:6443/api/v1/namespaces/default/services/{service_name}'
        update_data = read_yaml_file(update_file)
        update_service(update_service_url, headers, update_data)
```

这里的 token 需要被换成最开始获取的 token，格式是 token='bearer #token'，变量需要自行设置，默认在 Kylin-PyDeploy 目录下提供需要的资源文件。

下面执行上述代码，查看运行结果。

```
[root@master Kylin-PyDeploy]# python3.6 service-api.py
服务不存在，无须删除。
{"kind":"Service","apiVersion":"v1","metadata":{"name":"nginx-svc1","namespace":"default","uid":"fcea129c-16c7-47ba-9d2a-3c5f389c5816","resourceVersion":"243308","creationTimestamp":"2023-12-16T14:32:10Z","managedFields":[{"manager":"python-requests","operation":"Update","apiVersion":"v1","time":"2023-12-16T14:32:10Z","fieldsType":"FieldsV1","fieldsV1":{"f:spec":{"f:externalTrafficPolicy":{},"f:internalTrafficPolicy":{},"f:ports":{".":{},"k:{\"port\":80,\"protocol\":\"TCP\"}":{".":{},"f:nodePort":{},"f:port":{},"f:protocol":{},"f:targetPort":{}}},"f:selector":{},"f:sessionAffinity":{},"f:type":{}}}}]},"spec":{"ports":[{"protocol":"TCP","port":80,"targetPort":80,"nodePort":30081}],"selector":{"app":"nginx"},"clusterIP":"10.1.33.28","clusterIPs":["10.1.33.28"],"type":"NodePort","sessionAffinity":"None","externalTrafficPolicy":"Cluster","ipFamilies":["IPv4"],"ipFamilyPolicy":"SingleStack","internalTrafficPolicy":"Cluster"},"status":{"loadBalancer":{}}}
```

{"kind":"Service","apiVersion":"v1","metadata":{"name":"nginx-svc1","namespace":"default","uid":"fcea129c-16c7-47ba-9d2a-3c5f389c5816","resourceVersion":"243308","creationTimestamp":"2023-12-16T14:32:10Z","managedFields":[{"manager":"python-requests","operation":"Update","apiVersion":"v1","time":"2023-12-16T14:32:10Z","fieldsType":"FieldsV1","fieldsV1":{"f:spec":{"f:externalTrafficPolicy":{},"f:internalTrafficPolicy":{},"f:ports":{".":{},"k:{\"port\":80,\"protocol\":\"TCP\"}":{".":{},"f:nodePort":{},"f:port":{},"f:protocol":{},"f:targetPort":{}}},"f:selector":{},"f:sessionAffinity":{},"f:type":{}}}}]},"spec":{"ports":[{"protocol":"TCP","port":80,"targetPort":80,"nodePort":30081}],"selector":{"app":"nginx"},"clusterIP":"10.1.33.28","clusterIPs":["10.1.33.28"],"type":"NodePort","sessionAffinity":"None","externalTrafficPolicy":"Cluster","ipFamilies":["IPv4"],"ipFamilyPolicy":"SingleStack","internalTrafficPolicy":"Cluster"},"status":{"loadBalancer":{}}}

{"kind":"Service","apiVersion":"v1","metadata":{"name":"nginx-svc1","namespace":"default","uid":"fcea129c-16c7-47ba-9d2a-3c5f389c5816","resourceVersion":"243311","creationTimestamp":"2023-12-16T14:32:10Z","managedFields":[{"manager":"python-requests","operation":"Update","apiVersion":"v1","time":"2023-12-16T14:32:10Z","fieldsType":"FieldsV1","fieldsV1":{"f:spec":{"f:externalTrafficPolicy":{},"f:internalTrafficPolicy":{},"f:ports":{".":{},"k:{\"port\":80,\"protocol\":\"TCP\"}":{".":{},"f:port":{},"f:protocol":{},"f:targetPort":{}}},"f:selector":{},"f:sessionAffinity":{},"f:type":{}}}}]},"spec":{"ports":[{"protocol":"TCP","port":80,"targetPort":8089,"nodePort":30081}],"selector":{"app":"nginx"},"clusterIP":"10.1.33.28","clusterIPs":["10.1.33.28"],"type":"NodePort","sessionAffinity":"None","externalTrafficPolicy":"Cluster","ipFamilies":["IPv4"],"ipFamilyPolicy":"SingleStack","internalTrafficPolicy":"Cluster"},"status":{"loadBalancer":{}}}

通过命令查看创建的资源的详细信息。可以看到，TargetPort 为 8089/TCP，说明资源已完成更新。

```
[root@master Kylin-PyDeploy]# kubectl describe svc nginx-svc1
Name:                     nginx-svc1
Namespace:                default
Labels:                   <none>
Annotations:              <none>
Selector:                 app=nginx
Type:                     NodePort
IP Family Policy:         SingleStack
IP Families:              IPv4
IP:                       10.1.33.28
IPs:                      10.1.33.28
Port:                     <unset>   80/TCP
TargetPort:               8089/TCP
NodePort:                 <unset>   30081/TCP
Endpoints:                <none>
Session Affinity:         None
External Traffic Policy:  Cluster
Events:                   <none>
```

任务 5.3 基于 Kubernetes Python SDK 实现通过 HTTP 服务管理 Service

1. 任务描述

本任务旨在帮助读者学习如何基于 Kubernetes Python SDK 实现通过 HTTP 服务管理 Service，这涉及创建、更新和删除 Service，以及与 HTTP 服务相关的配置等知识。

通过学习本任务，读者将深入理解 Kubernetes Python SDK 的基本用法，包括如何创建与 Kubernetes 集群的连接，以及如何使用 Kubernetes Python SDK 与 Kubernetes API 进行通信。此外，读者将学会如何创建 Service，以及如何配置它们以提供 HTTP 服务，并确保 HTTP 服务的可访问性和可用性。

2. 任务分析

1）规划节点

使用银河麒麟服务器操作系统规划节点，如表 5-4 所示。

表 5-4 规划节点

IP 地址	主机名	节点
192.168.111.10	Master	Kylin 服务器控制节点
192.168.111.11	Worker	Kylin 服务器工作节点

2）基础准备

使用本地 PC 环境下的 VMware Workstation 进行实操练习，使用 Kylin-Server-10-SP2-Release-Build09-20210524-x86_64.iso 镜像文件，将主机类型设置为 4vcpu、8GB 内存、100GB 磁盘；使用 NAT 网络模式，将 Master 节点的 IP 地址设置为 192.168.111.10，将 Worker 节点的 IP 地址设置为 192.168.111.11，将网关的 IP 地址设置为 192.168.111.254，将主机密码设置为 Kylin2023，自行为虚拟机配置 IP 地址。

连接虚拟机后，需要将所需的软件包 Kylin-Python3.tar.gz 上传到服务器中。

3. 任务实施

下面介绍如何编写 HTTP 服务的函数。

在创建 HTTP 服务器时，不仅需要处理客户端的请求，还需要发送符合 HTTP 规范的响应。

```
class webclass(BaseHTTPRequestHandler):
    def __set_headers(self, content_type):
        self.send_response(200)
        self.send_header("Content-Type", content_type)
        self.end_headers()
```

在以上代码中，webclass 的__set_headers()方法负责设置 HTTP 响应头，其中包含一些关键信息。

def__set_headers(self, content_type):: 定义一个__set_headers()方法，该方法被标记为私

有方法（以双下画线开头）。这意味着该方法主要在类的内部使用，而不是被类的外部直接调用。

self.send_response(200)：设置响应状态码为 200，表示服务器成功处理了客户端的请求。

self.send_header("Content-Type", content_type)：设置 HTTP 响应头中的 Content-Type。该字段指定了服务器返回内容的格式，如"application/json"表示返回内容的格式为 JSON。

self.end_headers()：表示 HTTP 响应头设置完成，告诉服务器不再设置 HTTP 响应头，可以开始发送实际的响应给客户端了。

进行以上操作是为了确保服务器向客户端发送的响应遵循 HTTP 规范，使客户端能够正确地解析和处理服务器返回的信息。

```python
def do_GET(self):
    self._set_headers("application/json")
    name = self.path[10:]
    print(name, self.path)
    try:
        res = conn_core.read_namespaced_service(name, 'default')
    except kubernetes.client.exceptions.ApiException as e:
        self.wfile.write(str(e.body).encode(encoding="utf_8"))
    else:
        self.wfile.write(str(res).encode(encoding="utf_8"))
```

self._set_headers("application/json")：调用之前定义的_set_headers()方法，设置 HTTP 响应头，告诉客户端返回的是 JSON 数据。

name=self.path[10:]：提取请求路径中的服务名。假设请求路径的格式为/service/{name}，这里使用切片操作删除前面的 10 个字符，得到服务名。

print(name, self.path)：简单地将服务名和请求路径输出到控制台上，以便调试和记录。

try::try 块，用于捕获可能发生的异常。

res = conn_core.read_namespaced_service(name, 'default')：在 try 块中，尝试通过客户端连接读取指定的服务名和 Namespace 的 Service。

except kubernetes.client.exceptions.ApiException as e::如果在 try 块中发生 ApiException 异常，那么控制流会转到这里。

self.wfile.write(str(e.body).encode(encoding="utf_8"))：在异常处理中，将异常的响应体（e.body）以 UTF-8 编码写入响应，通知客户端发生了错误。

else::如果在 try 块中的代码没有引发异常，那么执行这里的代码块。

self.wfile.write(str(res).encode(encoding="utf_8"))：将成功读取的 Service（res）以 UTF-8 编码写入响应，向客户端提供服务的详细信息。

```python
def do_POST(self):
    self._set_headers("application/json")
    name = self.path[10:]
    print(name, self.path)
    with open(name, encoding='utf-8') as f:
        dep = yaml.safe_load(f.read())
```

```
    service_name = dep['metadata']['name']
    try:
        conn_core.delete_namespaced_service(service_name, 'default')
    except:
        pass
    res = conn_core.create_namespaced_service('default', dep)
    self.wfile.write(str(res).encode(encoding="utf_8"))
```

do_GET() 方法和 do_POST() 方法有一些相似之处。它们都以 self._set_headers ("application/json")开始，设置 HTTP 响应头，告诉客户端返回的是 JSON 数据。此外，它们都包含对请求路径的解析，以及提取服务名的步骤。

然而，它们也有不同之处。do_GET()方法主要专注于通过客户端直接读取服务信息，并将详细的服务信息返回给客户端，包括配置和状态。相比之下，do_POST()方法更专注于通过读取服务配置（假设为 YAML 格式）来创建新服务。创建新服务之前，do_POST()方法会尝试删除同名服务，以确保在更新服务配置时不会产生冲突。此外，do_POST()方法还包含异常处理机制，用于处理删除同名服务的可能异常情况，确保即使删除失败也不会妨碍新服务的创建。

```
def do_DELETE(self):
    name = self.path[10:]
    self.__set_headers("application/json")
    try:
        res = conn_core.delete_namespaced_service(name, 'default')
    except kubernetes.client.exceptions.ApiException as e:
        self.wfile.write(str(e.body).encode(encoding="utf_8"))
    else:
        self.wfile.write(str(res).encode(encoding="utf_8"))
```

与之前的请求处理方法相比，do_DELETE()方法专注于处理 DELETE 请求。do_DELETE()方法通过客户端连接（conn_core）尝试删除指定的名称和默认 Namespace 的服务。在异常处理方面，do_DELETE()方法用于捕获可能发生的 ApiException 异常，如果发生异常，那么将异常的响应体返回给客户端，提供详细的错误信息。成功执行删除操作后，do_DELETE()方法返回成功删除服务的结果，包括操作的元数据。这使得服务在支持删除、创建、获取、更新操作的同时，能够通过专注于删除操作，提供一套全面的服务管理功能。

```
if __name__ == '__main__':
    address = ("0.0.0.0", 8888)
    httpd = HTTPServer(address, webclass)
    httpd.serve_forever()
```

if __name__ == '__main__':: 启动 HTTP 服务器，监听指定的地址和端口，使其一直运行，以处理客户端的请求。

address = ("0.0.0.0", 8888): 定义一个地址和端口的元组，指定 HTTP 服务器监听的地址为 "0.0.0.0"，端口为 8888。

httpd = HTTPServer(address, webclass)：创建一个 HTTP 服务器实例，指定服务器监听的地址和请求处理类。

httpd.serve_forever()：调用 serve_forever()方法启动 HTTP 服务器，使其一直运行，等待来自客户端的请求。这是一个阻塞操作，直到服务器手动停止或发生错误为止。

整个 if __name__ == '__main__':块用于确保上述操作仅在脚本被作为主程序运行时执行，而非在被导入为模块时执行。通过上述代码，整个脚本成为一个可执行的 HTTP 服务器，准备接收并处理来自客户端的请求。

```
[root@master Kylin-PyDeploy]# vi svc-server.py
import yaml
from kubernetes import client, config
from http.server import HTTPServer, BaseHTTPRequestHandler
import kubernetes.client.exceptions
config.load_kube_config(config_file='kube_config')
conn_core = client.CoreV1Api()


class webclass(BaseHTTPRequestHandler):
    def __set_headers(self, content_type):
        self.send_response(200)
        self.send_header("Content-Type", content_type)
        self.end_headers()
    def do_GET(self):
        self.__set_headers("application/json")
        name = self.path[10:]
        print(name, self.path)
        try:
            res = conn_core.read_namespaced_service(name, 'default')
        except kubernetes.client.exceptions.ApiException as e:
            self.wfile.write(str(e.body).encode(encoding="utf_8"))
        else:
            self.wfile.write(str(res).encode(encoding="utf_8"))
    def do_POST(self):
        self.__set_headers("application/json")
        name = self.path[10:]
        print(name, self.path)
        with open(name, encoding='utf-8') as f:
            dep = yaml.safe_load(f.read())
        service_name = dep['metadata']['name']
        try:
            conn_core.delete_namespaced_service(service_name, 'default')
        except:
            pass
        res = conn_core.create_namespaced_service('default', dep)
```

```
        self.wfile.write(str(res).encode(encoding="utf_8"))
    def do_DELETE(self):
        name = self.path[10:]
        self.__set_headers("application/json")
        try:
            res = conn_core.delete_namespaced_service(name, 'default')
        except kubernetes.client.exceptions.ApiException as e:
            self.wfile.write(str(e.body).encode(encoding="utf_8"))
        else:
            self.wfile.write(str(res).encode(encoding="utf_8"))
if __name__ == '__main__':
    address = ("0.0.0.0", 8888)
    httpd = HTTPServer(address, webclass)
    print("Starting httpd server on localhost:8888")
    httpd.serve_forever()
```

import kubernetes.client.exceptions 与 config.load_kube_config(config_file='kube_config'):通过 import 语句导入所需的 Python 库，并使用 config.load_kube_config 加载 Kubernetes 的配置。

conn_core = client.CoreV1Api():定义 webclass，该类继承自 BaseHTTPRequestHandler。

webclass 中包含了_set_headers()、do_GET()、do_POST()和 do_DELETE()等方法，用于设置 HTTP 响应头和处理不同类型的请求。

httpd = HTTPServer(address, webclass):在主程序中，创建一个 HTTP 服务器实例，即 httpd，并指定监听的地址和请求处理类。

httpd.serve_forever():通过 httpd.serve_forever()方法启动 HTTP 服务器，使其一直运行，等待来自客户端的请求。

下面通过启动对应的 Python 脚本来启动 HTTP 服务器。

```
[root@master Kylin-PyDeploy]# python3.6 svc-server.py
Starting httpd server on localhost:8888
```

出现 Starting httpd，表示 HTTP 服务器成功启动。

下面通过另外的窗口来访问 HTTP 服务器。在此之前，需要先使用 YAML 文件创建 Service。下面使用 curl 命令测试 HTTP 服务器。

```
[root@master Kylin-PyDeploy]# curl -X POST 127.0.0.1:8888/services/python-dev-svc1.yaml
```
{'api_version':'v1','kind':'Service','metadata':{'annotations':None,'creation_timestamp':datetime.datetime(2024,3,21,20,49,17,tzinfo=tzutc()),'deletion_grace_period_seconds':None,'deletion_timestamp':None,'finalizers':None,'generate_name':None,'generation':None,'labels':None,'managed_fields':[{'api_version':'v1','fields_type':'FieldsV1','fields_v1':{'f:spec':{'f:externalTrafficPolicy':{},'f:internalTrafficPolicy':{},'f:ports':{'.':{},'k:{"port":80,"protocol":"TCP"}':{'.':{},'f:nodePort':{},'f:port':{},'f:protocol':{},'f:targetPort':{}}},'f:selector':{},'f:sessionAffinity':{},'f:type':{}}},'manager':'OpenAPI-Generator','operation':'Update','subresource':None,'time':datetime.datetime(2024,3,21,20,49,17,tzinfo=tzutc())}],'name':'nginx-svc1','namespace':'default','owner_references':None,'resource_version':'446126','self_link':None,'uid':'08556e89-

```
b176-4a64-b7e8-
9fb639211d37'},'spec':{'allocate_load_balancer_node_ports':None,'cluster_i_ps':['10.1.13.97'],'cluster_ip':'10.1.13
.97','external_i_ps':None,'external_name':None,'external_traffic_policy':'Cluster','health_check_node_port':None,'
internal_traffic_policy':'Cluster','ip_families':['IPv4'],'ip_family_policy':'SingleStack','load_balancer_class':None,'
load_balancer_ip':None,'load_balancer_source_ranges':None,'ports':[{'app_protocol':None,'name':None,'node_por
t':30081,'port':80,'protocol':'TCP','target_port':80}],'publish_not_ready_addresses':None,'selector':{'app':'nginx'},'s
ession_affinity':'None','session_affinity_config':None,'type':'NodePort'},'status':{'conditions':None,'load_balancer'
:{'ingress':None}}}
```

通过 POST 请求创建 Service 后，可以通过 GET 方法查询对应的 Service，YAML 文件对应的 Service 为 nginx-svc1。

下面使用 GET 请求连接对应的参数，查询 Service。

```
[root@master ~]# curl -X GET 127.0.0.1:8888/services/nginx-svc1    #返回结果相同，此处不再赘述
```

下面删除对应的资源。

```
[root@master Kylin-PyDeploy]# curl -X DELETE 127.0.0.1:8888/services/nginx-svc1
{'api_version': 'v1',
 'kind': 'Status',
 'metadata': {'annotations': None,
              'creation_timestamp': None,
              'deletion_grace_period_seconds': None,
              'deletion_timestamp': None,
              'finalizers': None,
              'generate_name': None,
              'generation': None,
              'labels': None,
              'managed_fields': None,
              'name': None,
              'namespace': None,
              'owner_references': None,
              'resource_version': None,
              'self_link': None,
              'uid': None},
 'spec': None,
 'status': {'conditions': None, 'load_balancer': None}}[root@master Kylin-PyDeploy]#
[root@master Kylin-PyDeploy]#
[root@master Kylin-PyDeploy]# curl -X DELETE 127.0.0.1:8888/services/nginx-svc1
{"kind":"Status","apiVersion":"v1","metadata":{},"status":"Failure","message":"services \"nginx-svc1\" not
found","reason":"NotFound","details":{"name":"nginx-svc1","kind":"services"},"code":404}
```

删除后，可以再次查询对应的资源，会发现返回了 404，表示该资源已被成功删除。

项目小结

本项目主要介绍了如何创建了一个简单的 HTTP 服务器，HTTP 服务器用于与

Kubernetes 集群交互。首先，导入了所需的库，包括与 Kubernetes Python SDK、YAML 配置文件解析库，以及 HTTP 服务器和请求处理相关的库。其次，加载了 Kubernetes 的配置，建立了与 Kubernetes API 通信的连接。

此外，定义了一个 HTTP 请求处理类，即 webclass。webclass 根据请求类型执行不同的操作。对于 GET 请求，webclass 读取 Kubernetes 中特定服务的信息；对于 POST 请求，webclass 创建或更新一个服务；对于 DELETE 请求，webclass 删除指定的服务。

另外，监听了指定的地址和端口，并创建了一个实例，使其一直运行，等待来自客户端的请求。这个 HTTP 服务器允许对 Kubernetes 中的服务进行基本的操作，如删除、创建、获取等。

课后练习

1. （单选题）以下用于在 Python 中与 Kubernetes 集群通信的库是（　　）。

A. Docker

B. Pykube

C. Kubernetes-sdk

D. Kubernetes

2. （单选题）在提供的 HTTP 服务代码中，do_GET()方法主要用于（　　）。

A. 处理 POST 请求

B. 处理 GET 请求

C. 处理 DELETE 请求

D. 设置 HTTP 响应头

3. （单选题）在模拟的 POST 请求的返回内容中，表示创建成功的内容是（　　）。

A. {"success": true}

B. {"message": "Resource created successfully."}

C. {"error": false}

D. {"status": "created"}

4. （单选题）在 Kubernetes Python 客户端库中，V1Status 对象主要用于（　　）。

A. 存储服务配置

B. 存储 Kubernetes 集群的状态

C. 存储 HTTP 请求的状态

D. 存储 Docker 容器的状态

5. （单选题）以下用于在 HTTP 服务代码中处理 DELETE 请求的是（　　）方法。

A. do_PUT()

B. do_DELETE()

C. do_PATCH()

D. do_OPTIONS()

实训练习

创建一个新的 Python 脚本，用于实现一个 HTTP 服务，该服务可以查询 Kubernetes 集群中特定资源的信息，且可以选择查询 Pod、Service。

编写的类需要包括以下功能。

1．支持 GET 请求，将接收资源名称作为路径参数，并返回该资源的基本信息，如资源名称、Namespace、创建时间等。

2．当资源不存在时，返回错误信息。

3．使用 Kubernetes Python 客户端库与 Kubernetes API 进行通信。

项目 6

Kubernetes 云原生 DevOps 综合案例

项目描述

在信息技术迅猛发展和技术进步的背景下，Kubernetes 已成为现代云原生应用运行和管理的关键平台。本项目致力于在这一背景下培养读者在 Kubernetes 中使用 Python 进行运维开发的核心技能。本项目的内容包括安装 GitLab、部署 GitLab Runner、配置 GitLab 并构建 CI/CD。

本项目的开始部分聚焦于 GitLab 的安装，这是构建现代软件开发流程的基础。随后，介绍了如何部署 GitLab Runner，读者通过学习，将了解 CI 和 CD，这些是现代开发流程中不可或缺的环节。在此基础上，本项目进一步引导读者学习如何配置 GitLab 并构建 CI/CD，以实现自动化测试和部署，从而提升开发效率和应用质量。

1. 知识目标

（1）了解 CI/CD 的基础知识。

（2）了解 CI/CD 工作流程。

（3）了解 CI/CD 的优势及常见的应用场景。

2. 能力目标

（1）能够配置 Jenkins 进行 CI/CD。

（2）能够掌握如何与 GitLab 集成，获得代码版本控制、代码审查和协作开发的最佳实践。

（3）能够建立全面的自动化流程，以确保软件的稳定性和质量。

3. 素养目标

（1）具备探索疑难问题，突破创新瓶颈，拓展全新思路，构建系统性解决方案的能力。

（2）能够积极协同，共享专业知识，激发团队合作，助力提升集体智慧。

任务分解

为了让读者系统地学习和掌握本项目的相关知识，本项目被分解为 3 个任务，内容从安装 GitLab，先到部署 GitLab Runner，再到配置 GitLab 并构建 CI/CD，每一步都紧密相连，循序渐进，致力于为读者提供一个全面且深入的学习体验。任务分解如表 6-1 所示。

表 6-1　任务分解

任务名称	任务目标	任务学时
任务 6.1 安装 GitLab	能够安装 GitLab，以为后续的 CI/CD 工作流程搭建基础环境	4
任务 6.2 部署 GitLab Runner	能够部署 GitLab Runner，用于执行 CI/CD 工作流程中的任务	4
任务 6.3 配置 GitLab 并构建 CI/CD	能够配置 GitLab 并构建 CI/CD	4
总计		12

知识准备

1. CI/CD 的基础知识

1）CI

（1）版本控制系统：使用版本控制系统（Git 等）管理代码的不同版本。开发人员应该熟悉分支管理、合并策略等基本概念。

（2）自动化构建工具：使用自动化构建工具（Jenkins、Travis CI 等）建立自动化构建流程，确保每次提交代码时都能触发构建流程。自动化构建工具可用于自动化构建项目。

（3）测试框架：使用测试框架（JUnit 等），编写并运行自动化测试（包括单元测试和集成测试）代码，验证代码的正确性。

（4）CI 服务器：配置 CI 服务器，以监视版本控制系统的更改，并在每次提交代码时触发构建流程。

（5）反馈机制：设置反馈机制，使开发人员能够快速了解变更的代码是否通过了构建和测试。

2）CD

（1）自动化部署工具：使用自动化部署工具（Ansible、Docker、Kubernetes 等）实现可重复、可靠的环境配置和应用部署。

（2）流水线：通过创建流水线来定义代码从提交到部署的完整流程。这个完整流程包括构建阶段、测试阶段、部署阶段和验证阶段。

（3）环境配置：确保在不同环境中能够一致地管理环境配置，以避免部署过程中出现不一致性问题。

（4）监控和日志系统：集成监控和日志系统，以便实时监测应用的性能和状态，快速识别并解决潜在问题。

3）GitLab

GitLab 是一个集成了 Git 仓库管理、代码审查、问题跟踪、CI/CD 等功能的开源 DevOps 平台，提供了从项目规划到最终交付的全流程协作开发工具。GitLab 的核心在于其开源的代码仓库管理系统，这是基于 Git 版本控制系统的。它支持团队协作，这使得开发者可以追踪整个软件开发生命周期的每个阶段。

作为一个强大的 DevOps 平台，GitLab 自动化了软件构建、测试和部署的过程，通过在提交代码后立即运行定义好的脚本来验证更改的代码，从而显著提高软件发布的频率和质量。CI/CD 是在 GitLab 中集成的，无须第三方服务或工具，在自动化方面的功能非常强大。

GitLab 不仅是为开发人员设计的，还考虑到了项目经理和运维团队的需求。通过提供看板视图、里程碑等工具，使项目规划和执行变得更加高效。使用 GitLab 的监控功能能够跟踪生产环境的性能，而使用 GitLab 的安全功能则有助于识别和修复安全漏洞。

此外，GitLab 提供了灵活的部署选项，既可以在云环境中托管，又可以在本地服务器中自托管。这为企业提供了必要的灵活性，以适应不同的隐私和法规要求。GitLab 社区版是完全免费的，而 GitLab 企业版则提供了额外的付费功能和支持。

2．CI/CD 工作流程

CI/CD 工作流程是 CI/CD 的执行路径，贯穿了从提交代码到应用最终部署的全过程。通用的 CI/CD 工作流程如下。

（1）提交代码：开发人员在本地开发环境中完成新的功能或修复漏洞，并将代码推送到版本控制系统（Git 等）的特定分支中。

（2）触发 CI：CI 服务器（Jenkins、Travis CI 等）监测版本控制系统的变化。当提交新代码时，CI 服务器触发构建过程。

（3）自动化构建：CI 服务器自动拉取最新的代码，运行构建脚本，编译程序、收集依赖项，生成可执行文件或构建容器镜像。

（4）自动化测试：各类自动化测试，包括单元测试、集成测试、端对端测试等，用于检查代码功能的正确性和稳定性。

（5）检查代码质量：运行静态代码分析工具、代码风格检查工具等，确保代码的质量和一致性。

（6）触发 CD：如果 CD 被启用，那么镜像构建成功后会触发 CD 工作流程。

（7）自动化部署到生产环境中：如果所有测试都已通过，那么会触发自动化部署到生产环境中。在部署过程中可以使用滚动部署、蓝绿部署等策略减少对生产环境的影响。完整的 CI/CD 工作流程如图 6-1 所示。

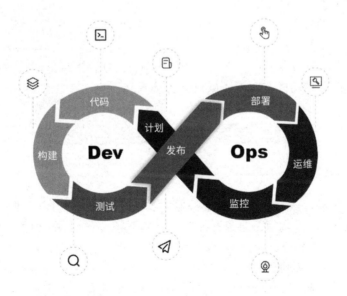

图 6-1　完整的 CI/CD 工作流程

3. CI/CD 的优势及常见的应用场景

CI/CD 有许多优势，适用于各种软件开发场景。以下是 CI/CD 的优势及常见的应用场景。

1）CI/CD 的优势

（1）快速反馈：CI/CD 通过自动化构建和测试，提供了快速反馈机制。开发人员可以在提交代码后迅速获得构建和测试的结果。这样有助于及早发现和解决问题。

（2）降低集成问题：使用 CI 可以确保开发者频繁地将代码合并到主干中，进而降低集成问题的发生频率。这样有助于保持代码的一致性和稳定性。

（3）自动化测试：使用 CI/CD 可以自动执行各类测试，包括单元测试、集成测试和端到端测试。这样有助于确保代码的质量和稳定性。

（4）可重复部署：使用 CD 可以确保应用在不同环境中以相同的方式部署。这样有助于提高部署的可重复性，降低因人为错误导致的可能性。

（5）快速上线新功能：使用 CD 可以使新功能的发布变得更加快速和可控。

（6）降低发布风险：CI/CD 通过自动化和可控的部署过程，降低了发布新版本的风险。如果出现问题，那么可以快速回滚到上一个稳定的版本。

（7）团队协作：使用 CI/CD 可以促进团队成员之间的协作，降低手动操作和沟通的需求。这样每个人都能够更容易地了解项目的当前状态和进展。

2）CI/CD 常见的应用场景

（1）敏捷开发项目：CI/CD 适用于需要频繁迭代、快速交付新功能的敏捷开发项目。

（2）大型项目或组织：在大型项目或组织中，使用 CI/CD 有助于降低发生集成问题的频率，提高整体开发效率。

（3）云原生应用：云原生应用通常具有分布式架构，使用 CI/CD 可以确保每个组件 CI 和 CD。

（4）采用微服务架构的应用：对于采用微服务架构的应用，使用 CI/CD 有助于每个微服务独立地进行构建、测试和部署。

（5）严格要求的行业：在金融、医疗等对软件质量和稳定性有严格要求的行业中，CI/CD 可以提供可靠的自动化流程。

（6）需求快速响应市场变化、推出新功能的项目：在需要快速响应市场变化、推出新功能的项目中，使用 CI/CD 有助于快速交付和部署。

任务 6.1 安装 GitLab

1. 任务描述

本任务旨在帮助读者深入学习在服务器中安装 GitLab 的过程。此过程将深入渗透 GitLab 的基本概念，以及如何在服务器中搭建一个稳定、安全且高效的 Git 仓库管理系统。通过学习本任务，读者将掌握搭建 GitLab 所需的关键步骤，包括安装所需的依赖项、配置数据库、设置 SSL 证书以确保通信的安全性，以及对 GitLab 进行基本设置。本任务的最终目标是使读者独立完成 GitLab 的安装，并了解配置以满足特定的需求。完成这一目标后，读者将获得在实际工作中使用 GitLab 进行版本控制与协作开发的基础知识和技能。

2．任务分析

1）规划节点

使用银河麒麟服务器操作系统规划节点，如表 6-2 所示。

表 6-2 规划节点

IP 地址	主机名	节点
192.168.111.10	Master	Kylin 服务器控制节点
192.168.111.11	Worker	Kylin 服务器工作节点

2）基础准备

使用本地 PC 环境下的 VMware Workstation 进行实操练习，使用 Kylin-Server-10-SP2-Release-Build09-20210524-x86_64.iso 镜像文件，将主机类型设置为 4vcpu、8GB 内存、100GB 磁盘；使用 NAT 网络模式，将 Master 节点的 IP 地址设置为 192.168.111.10，将 Worker 节点的 IP 地址设置为 192.168.111.11，将网关的 IP 地址设置为 192.168.111.254，将主机密码设置为 Kylin2023，自行为虚拟机配置 IP 地址。

连接虚拟机后，需要将所需的软件包 GitLab-Game.tar.gz 和 Kylin-Harbor.tar.gz 上传到服务器中。

3．任务实施

1）基础环境准备

查看 Kubernetes 集群的状态和节点。

```
[root@master ~]# kubectl get nodes
kNAME      STATUS    ROLES     AGE     VERSION
master     Ready     <none>    98d     v1.22.1
worker     Ready     <none>    98d     v1.22.1
[root@master ~]# kubectl get cs
Warning: v1 ComponentStatus is deprecated in v1.19+
NAME                   STATUS      MESSAGE                           ERROR
scheduler              Healthy     ok
controller-manager     Healthy     ok
etcd-0                 Healthy     {"health":"true","reason":""}
```

将提供的离线的软件包 GitLab-Game.tar.gz 上传到 Master 节点的/root 目录下，解压缩该软件包。

```
[root@master harbor]# cd ~
[root@master ~]# tar zxf GitLab-Game.tar.gz
[root@master ~]# cd gitlab-ci/
[root@master gitlab-ci]# ls
Game-master    gitlab-runner-0.43.0.tgz    gitlab-agent-1.1.0.tgz    images
```

可以看到，解压缩出了一些文件，Game-master 就是需要部署的项目，剩余的都是一些 Devops 的工具。为了将资源利用率最大化，后面运行的 Pod 将会被调度到各个节点上，此时需要先将镜像同步并导入到各个节点上。

```
[root@master gitlab- ci]# docker load -i images/images.tar
Loaded image: registry.gitlab.com/gitlab-org/cluster-integration/auto-build-image:v1.14.0
Loaded image: kubectl:1.22
Loaded image: node:gamev1
Loaded image: nginx:latest
Loaded image: docker:18.09.7
Loaded image: registry.gitlab.com/gitlab-org/gitlab-runner/gitlab-runner-helper:x86_64-7f093137
Loaded image: registry.gitlab.com/gitlab-org/cluster-integration/gitlab-agent/agentk:v16.2.0
Loaded image: docker:18.09.7-dind
Loaded image: registry.gitlab.com/gitlab-org/gitlab-runner:alpine-v15.2.0
Loaded image: gitlab/gitlab-ce:latest
```

全部镜像导入完成后，接下来开始部署 Harbor。

2）部署 Harbor

要部署 Harbor，需要先安装 Harbor 容器镜像管理平台，以便使后续的 CI/CD 工作流程更加规范。先将软件包 Kylin-Harbor.tar.gz 上传到服务器中，然后将其解压缩并对其进行安装。

```
[root@master gitlab- ci]# cd ~
[root@master ~]# tar xzf Kylin-Harbor.tar.gz   -C /opt/
[root@master ~]# cd /opt/harbor
[root@master harbor]# ./harbor-install.sh
#省略安装输出内容
访问地址：http://192.168.111.10:30002
账号：admin
密码：Harbor12345
```

这时可以通过安装脚本返回的信息进入网站（浏览器访问 http://192.168.111.10:30002）查看 Harbor 是否部署成功。Harbor 登录界面如图 6-2 所示。

图 6-2 Harbor 登录界面

通过账号 admin 和密码 Harbor12345 登录网站。Harbor 管理界面如图 6-3 所示。

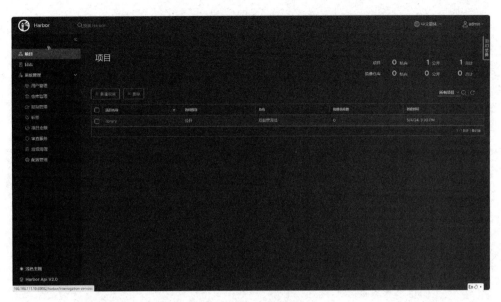

图 6-3　Harbor 管理界面

若可以成功登录，则说明部署没有遇到问题，此时可以继续部署 GitLab。

3）部署 GitLab

创建一个 gitlab-ci.yaml 文件，该文件专门用于 GitLab 的使用，在 gitlab-ci 命名空间中部署 GitLab，将端口 80 以 NodePort 的方式对外暴露为 30880。

```
[root@master ~]# kubectl create ns gitlab-ci
namespace/gitlab-ci created
```

编写对应的 Deployment 文件。

```
[root@master harbor]# cd /root/gitlab-ci
[root@master gitlab-ci]# vi gitlab-deploy.yaml
---
apiVersion: apps/v1
kind: Deployment
metadata:
  labels:
    app: gitlab
  name: gitlab
  namespace: gitlab-ci
spec:
  selector:
    matchLabels:
      app: gitlab
  replicas: 1
  template:
    metadata:
      labels:
        app: gitlab
```

```
    spec:
      containers:
      - image: gitlab/gitlab-ce
        name: gitlab-ce
        imagePullPolicy: IfNotPresent
        env:
        - name: GITLAB_ROOT_PASSWORD
          value: YHCX@2024
        volumeMounts:
        - name: conf
          mountPath: /etc/gitlab
        - name: log
          mountPath: /var/log/gitlab
        - name: data
          mountPath: /var/opt/gitlab
      volumes:
      - name: conf
        hostPath:
          path: /gitlab/conf
      - name: log
        hostPath:
          path: /gitlab/log
      - name: data
        hostPath:
          path: /gitlab/data
```

编写对应的 Service 文件，用于外部端口的访问。

```
[root@master gitlab-ci]# vi gitlab-service.yaml
---
apiVersion: v1
kind: Service
metadata:
  namespace: gitlab-ci
  name: gitlab
spec:
  ports:
    - name: gitlab
      port: 80
      targetPort: 80
      nodePort: 30880
  type: NodePort
  selector:
    app: gitlab
```

创建两个文件的资源，开始部署 GitLab。

```
[root@master gitlab-ci]# kubectl apply -f gitlab-deploy.yaml
deployment.apps/gitlab created
[root@master gitlab-ci]# kubectl apply -f gitlab-service.yaml
service/gitlab created
```

资源创建好后，查看对应的资源状态。

```
[root@master gitlab-ci]# kubectl -n gitlab-ci get pods
NAME                     READY   STATUS    RESTARTS      AGE
gitlab-f56485847-6ms8m   1/1     Running   1 (3h6m ago)  3h8m
```

4）自定义 hosts

为了方便 GitLab 服务的内部访问，需要指定其在 Kubernetes 网络中的相关 DNS 信息。查看 Pod 的 IP 地址。

```
[root@master gitlab-ci]# kubectl -n gitlab-ci get pods -owide
NAME                     READY   STATUS    RESTARTS   AGE    IP           NODE
NOMINATED NODE   READINESS GATES
gitlab-f56485847-tkkj5   1/1     Running   0          9m7s   10.244.1.10  worker   <none>
<none>
```

在集群中自定义 hosts，添加 Pod 的解析。

```
[root@master gitlab-ci]# kubectl edit configmap coredns -n kube-system
data:
  Corefile: |
    .:53 {
        errors
        health {
            lameduck 5s
        }
        ready
        kubernetes cluster.local in-addr.arpa ip6.arpa {
            pods insecure
            fallthrough in-addr.arpa ip6.arpa
            ttl 30
        }
        prometheus :9153
## 添加下面 4 行
        hosts {
            10.244.1.10 gitlab-7b54df755-6ljtp
            fallthrough
        }
## 删除下面 3 行
        forward . /etc/resolv.conf {
            max_concurrent 1000
        }
        cache 30
```

```
        loop
        reload
        loadbalance
    }
```

重启 CoreDNS，以便读取新的配置文件。

```
[root@master gitlab-ci]# kubectl -n kube-system rollout restart deploy coredns
deployment.apps/coredns restarted
```

修改配置文件以供对外访问和内链更新，修改前查询 GitLab 的 Service，使用查询出来的 IP 地址，以防后续 Pod 遇到特殊情况重启时影响其他组件。

```
[root@master Game-master]# kubectl get svc -n gitlab-ci
NAME      TYPE        CLUSTER-IP      EXTERNAL-IP   PORT(S)        AGE
gitlab    NodePort    10.100.126.31   <none>        80:30880/TCP   9d
[root@master gitlab-ci]# kubectl exec -it -n gitlab-ci gitlab-f56485847-2nv9p bash
kubectl exec [POD] [COMMAND] is DEPRECATED and will be removed in a future version. Use kubectl exec
[POD] -- [COMMAND] instead.
root@gitlab-f56485847-2nv9p:/# vi /etc/gitlab/gitlab.rb
external_url 'http://10.100.126.31:80'
root@gitlab-7b54df755-6ljtp:/# reboot
root@gitlab-7b54df755-6ljtp:/# exit
```

5）访问 GitLab

通过 http://192.168.111.10:30880 访问 GitLab，用户名为 root，密码为 YHCX@2024。
GitLab 登录界面如图 6-4 所示。

图 6-4　GitLab 登录界面

6）上传项目文件

登录 GitLab 后，在 GitLab 主界面中单击左上方的 按钮，在弹出的在下拉列表中选择"Preferences"选项，进入"Preferences"界面后，在"Localization"选项组中，选择"Language"为"Chinese, Simplified - 简体中文（98% translated）"，单击下方的"Save changes"按钮，如图 6-5 所示。

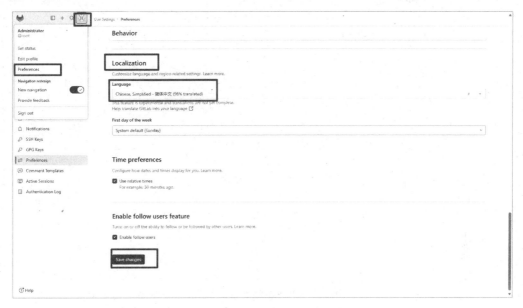

图 6-5　"Preferences"界面

刷新浏览器。

返回到 GitLab 主界面中，单击左上方的 按钮，进入"项目"界面，单击"创建项目"按钮，如图 6-6 所示。

图 6-6　"项目"界面

进入"新建项目"界面，单击"创建空白项目"按钮，进入"创建空白项目"界面，在"项目名称"文本框中输入"game"，在"项目 URL"下拉列表中选择"root"选项，在"可见性级别"选项组中选中"公开"单选按钮，单击"新建项目"按钮，如图 6-7 所示。

图 6-7 "创建空白项目"界面

进入"game"界面，如图 6-8 所示。

图 6-8 "game"界面

推送项目前，先将默认受保护分支的保护取消，如图 6-9 所示。

图 6-9　取消保护

安装 Git 软件包，将项目源代码推送到 GitLab 仓库中。

```
[root@master gitlab-ci]# cd git-repo/
    [root@master git-repo]# yum install -y *
# 省略安装输出内容
已安装:
  git-2.27.0-14.ky10.x86_64
  perl-Error-1:0.17028-1.ky10.noarch
  perl-Git-2.27.0-14.ky10.noarch
  perl-TermReadKey-2.38-2.ky10.x86_64

完毕!
    [root@master gitlab-ci]# cd ../Game-master/
    [root@master Game-master]# git config --global user.name "administrator"
    [root@master Game-master]# git config --global user.email "admin@example.com"
    [root@master Game-master]# git init
已初始化空的 Git 仓库于 /root/gitlab-ci/Game-master/.git/
    [root@master Game-master]# git remote add origin http://192.168.111.10:30880/root/game.git
    [root@master Game-master]# git add .
    [root@master Game-master]# git commit -m "initial commit"
[root@master Game-master]# git branch -M main
    [root@master Game-master]# git push -uf origin main
    Username for 'http://192.168.111.10:30880': root
    Password for 'http://root@192.168.111.10:30880':
```

枚举对象: 143, 完成.
    对象计数中: 100% (143/143), 完成。
使用 16 个线程进行压缩
压缩对象中: 100% (132/132), 完成。
写入对象中: 100% (143/143), 1.08 MiB | 5.08 MiB/s, 完成。
总共 143（差异 0），复用 0（差异 0），包复用 0
    To http://192.168.111.10:30880/root/game.git
 + 0419328...c2ad6cd main -> main (forced update)
分支 'main' 设置为跟踪来自 'origin' 的远程分支 'main'。

推送完成后，刷新网页，查看项目的文件界面，可以看到刚刚上传的项目文件，如图 6-10 所示。

图 6-10　查看项目文件

 任务 6.2　部署 GitLab Runner

1．任务描述

通过学习本任务，读者将深入理解 CI/CD 的工作原理，学会如何部署 GitLab Runner 以适应不同项目的需求。此外，读者将能够为项目创建可靠的 CI/CD 工作流程，以提高软件开发的效率和质量。本任务侧重于对 GitLab Runner 的高级配置和定制化能力的探索，以满足特定项目的要求。

2．任务分析

1）规划节点

使用银河麒麟服务器操作系统规划节点，如表 6-3 所示。

表 6-3　规划节点

IP 地址	主机名	节点
192.168.111.10	Master	Kylin 服务器控制节点
192.168.111.11	Worker	Kylin 服务器工作节点

2）基础准备

使用本地 PC 环境下的 VMware Workstation 进行实操练习，使用 Kylin-Server-10-SP2-Release-Build09-20210524-x86_64.iso 镜像文件，将主机类型设置为 4vcpu、8GB 内存、100GB 磁盘；使用 NAT 网络模式，将 Master 节点的 IP 地址设置为 192.168.111.10，将 Worker 节点的 IP 地址设置为 192.168.111.11，将网关的 IP 地址设置为 192.168.111.254，将主机密码设置为 Kylin2023，自行为虚拟机配置 IP 地址。

连接虚拟机后，需要将所需的软件包 GitLab-Game.tar.gz 上传到服务器中。

3. 任务实施

1）获取 Register Token

登录 GitLab 管理界面，选择左侧的"CI/CD"→"Runner"选项，如图 6-11 所示。

图 6-11　GitLab 管理界面

进入"Runner"界面，先单击右侧的  按钮，再单击"剪切板"按钮以复制 Register

Token，记录参数 Register Token 的值，后续注册 Runner 时会用到该参数。如图 6-12 所示。

图 6-12　"Runner"界面

2）修改 GitLab Runner 配置清单

创建一个名为 gitlab-ci 的 ServiceAccount，用于提供 GitLab Runner 容器运行时所需的权限。

```
[root@master Game-master]# cd ../
[root@master gitlab-ci]# vi runner-sa.yaml
apiVersion: v1
kind: ServiceAccount
metadata:
  name: gitlab-ci
  namespace: gitlab-ci
[root@master gitlab-ci]# vi runner-role.yaml
kind: Role
apiVersion: rbac.authorization.k8s.io/v1
metadata:
  name: gitlab-ci
  namespace: gitlab-ci
rules:
  - apiGroups: [""]
    resources: ["*"]
    verbs: ["*"]
[root@master gitlab-ci]# vi runner-rb.yaml
kind: RoleBinding
apiVersion: rbac.authorization.k8s.io/v1
metadata:
```

```
    name: gitlab-ci
    namespace: gitlab-ci
subjects:
  - kind: ServiceAccount
    name: gitlab-ci
    namespace: gitlab-ci
roleRef:
  kind: Role
  name: gitlab-ci
  apiGroup: rbac.authorization.k8s.io
[root@master gitlab-ci]# kubectl apply -f runner-sa.yaml
serviceaccount/gitlab-ci created
[root@master gitlab-ci]# kubectl apply -f runner-role.yaml
role.rbac.authorization.k8s.io/gitlab-ci created
[root@master gitlab-ci]# kubectl apply -f runner-rb.yaml
rolebinding.rbac.authorization.k8s.io/gitlab-ci created
[[root@master gitlab-ci]# kubectl -n gitlab-ci get sa
NAME            SECRETS     AGE
default         1           2d1h
gitlab-ci       1           50s
```

为用户赋予权限。

```
[root@master gitlab-ci]# vi default.yaml
apiVersion: rbac.authorization.k8s.io/v1
kind: ClusterRoleBinding
metadata:
  name: default
  labels:
    k8s-app: gitlab-default
roleRef:
  apiGroup: rbac.authorization.k8s.io
  kind: ClusterRole
  name: cluster-admin
subjects:
- kind: ServiceAccount
  name: default
  namespace: gitlab-ci
[root@master gitlab-ci]# kubectl apply -f default.yaml
clusterrolebinding.rbac.authorization.k8s.io/default created
```

修改 values.yaml 文件，让 GitLab Runner 以特权模式运行。

```
[root@master gitlab-ci]# tar zxf gitlab-runner-0.43.0.tgz
[root@master gitlab-ci]# vi gitlab-runner/values.yaml
...
```

```
## Use the following Kubernetes Service Account name if RBAC is disabled in this Helm chart (see
rbac.create)
##
# serviceAccountName: default
serviceAccountName: gitlab-ci                          #添加，注意缩进格式
...
## The GitLab Server URL (with protocol) that want to register the runner against
## ref: https://docs.gitlab.com/runner/commands/index.html#gitlab-runner-register
##
# gitlabUrl: http://gitlab.your-domain.com/
gitlabUrl: http://192.168.111.10:30880/                #添加，缩进到顶格
...
## The Registration Token for adding new Runners to the GitLab Server. This must
## be retrieved from your GitLab Instance.
## ref: https://docs.gitlab.com/ce/ci/runners/index.html
##
# runnerRegistrationToken: ""
runnerRegistrationToken: "riU8c4D2SNkKAv8GS9q_"        #添加，缩进到顶格
...
  config: |
    [[runners]]
      [runners.kubernetes]
        namespace = "{{.Release.Namespace}}"
        image = "ubuntu:16.04"
        privileged = true                              #添加，注意缩进格式
```

在使用 Maven、npm 等构建工具打包项目时，构建工具默认会从中央仓库或私有仓库中获取依赖包。为了提高构建速度，可以将这些依赖包缓存到本地。为此，可以使用 Kubernetes 的 PersistentVolumeClaim 持久化存储这些依赖包的构建缓存，从而显著加快构建速度。为了节省存储空间，这里并不在每个项目中都单独存储构建缓存，而是配置一个全局共享的构建缓存。下面将介绍如何创建一个 PersistentVolumeClaim，用于挂载到 Pod 中，以实现全局构建缓存的共享。

```
[root@master gitlab-ci]# vi gitlab-runner/templates/pv.yaml
apiVersion: v1
kind: PersistentVolume
metadata:
  name: ci-build-cache-pv
  namespace: gitlab-ci
  labels:
    type: local
spec:
  storageClassName: manual
  capacity:
    storage: 10Gi
  accessModes:
```

```
      - ReadWriteOnce
    hostPath:
      path: "/opt/ci-build-cache"
[root@master gitlab-ci]# vi gitlab-runner/templates/pvc.yaml
apiVersion: v1
kind: PersistentVolumeClaim
metadata:
    name: ci-build-cache-pvc
    namespace: gitlab-ci
spec:
    storageClassName: manual
    accessModes:
      - ReadWriteOnce
    resources:
      requests:
        storage: 5Gi
```

编辑 values.yaml 文件，添加构建缓存的配置信息。

```
[root@master gitlab-ci]# vi gitlab-runner/values.yaml
## 添加到文件底部
cibuild:
    cache:
      pvcName: ci-build-cache-pvc
      mountPath: /home/gitlab-runner/ci-build-cache
```

当使用官方提供的 GitLab Runner 镜像来注册 GitLab Runner 时，GitLab Runner 的配置文件默认位于/home/gitlab-runner/.gitlab-runner/config.toml 目录下。为了实现构建过程中的持久化缓存，可以编辑 templates/configmap.yaml 文件，并在其中的 entrypoint 部分添加 GitLab Runner 的配置。这些配置需要在 GitLab Runner 启动前设置，以确保 GitLab Runner 在创建构建 Pod 时能够正确挂载 PersistentVolumeClaim。

通过这种方式可以确保 GitLab Runner 在每次执行构建任务时，都能够使用 PersistentVolumeClaim 中的缓存，从而加快构建速度并优化资源的使用。这个步骤对提高 CI/CD 的性能和效率至关重要。

```
[root@master gitlab-ci]# vi gitlab-runner/templates/configmap.yaml
    cat >>/home/gitlab-runner/.gitlab-runner/config.toml <<EOF
      [[runners.kubernetes.volumes.pvc]]
      name = "{{.Values.cibuild.cache.pvcName}}"
      mount_path = "{{.Values.cibuild.cache.mountPath}}"
    EOF

    # Start the runner
    exec /entrypoint run --user=gitlab-runner \
      --working-directory=/home/gitlab-runner
```

3）部署 GitLab Runner

使用 helm 命令根据对应的仓库配置文件安装 GitLab Runner。

```
[root@master gitlab-ci]# helm -n gitlab-ci install gitlab-runner gitlab-runner
NAME: gitlab-runner
LAST DEPLOYED: Mon May   6 02:46:10 2024
NAMESPACE: gitlab-ci
STATUS: deployed
REVISION: 1
TEST SUITE: None
NOTES:
Your GitLab Runner should now be registered against the GitLab instance reachable at:
"http://192.168.111.10:30880/"

Runner namespace "gitlab-ci" was found in runners.config template.
```

查看 Release 和 Pod。

```
[root@master gitlab-ci]# helm -n gitlab-ci list
NAME            NAMESPACE        REVISION         UPDATED
STATUS          CHART                            APP VERSION
gitlab-runner    gitlab-ci         1                2024-05-06 02:46:10.84437064 +0800 CST    deployed
gitlab-runner-0.43.0 15.2.0
[root@master gitlab-ci]# kubectl -n gitlab-ci get pods
NAME                             READY    STATUS      RESTARTS        AGE
gitlab-6fb94d5d78-x8sjq          1/1      Running     2 (58m ago)     8d
gitlab-runner-68b647bc9d-828mg   1/1      Running     0               56s
```

再次访问 GitLab，返回并刷新"Runner"界面，如图 6-13 所示。

图 6-13   返回并刷新"Runner"界面

可以看到，Runner 的状态为在线，表明已经注册成功。

任务 6.3　配置 GitLab 并构建 CI/CD

1．任务描述

本任务旨在帮助读者深入了解如何配置 GitLab 并构建 CI/CD。这将涉及创建.gitlab-ci.yaml 文件，其中需要定义流水线的各个阶段，包括构建阶段、测试阶段和部署阶段。通过学习本任务，读者将掌握如何选择合适的工具，配置测试环境，并定义自动化部署，以确保每次代码变更时都能够经过自动化验证和部署。

此外，读者还将了解 CI/CD 流水线中的参数化配置、环境变量管理、并行处理和错误处理等关键概念，知道如何优化流水线，以适应不同项目的需求，在整个开发周期中提高代码的质量和可靠性。

2．任务分析

1）规划节点

使用银河麒麟服务器操作系统规划节点，如表 6-4 所示。

表 6-4　规划节点

IP 地址	主机名	节点
192.168.111.10	Master	Kylin 服务器控制节点
192.168.111.11	Worker	Kylin 服务器工作节点

2）基础准备

使用本地 PC 环境下的 VMware Workstation 进行实操练习，使用 Kylin-Server-10-SP2-Release-Build09-20210524-x86_64.iso 镜像文件，将主机类型设置为 4vcpu、8GB 内存、100GB 磁盘；使用 NAT 网络模式，将 Master 节点的 IP 地址设置为 192.168.111.10，将 Worker 节点的 IP 地址设置为 192.168.111.11，将网关的 IP 地址设置为 192.168.111.254，将主机密码设置为 Kylin2023，自行为虚拟机配置 IP 地址。

连接虚拟机后，需要将所需的软件包 GitLab-Game.tar.gz 上传到服务器中。

3．任务实施

1）添加 Kubernetes 集群

在 GitLab 主界面的左侧选择"设置"→"网络"选项，进入"网络"界面，单击"出站请求"选项组右侧的"展开"按钮，勾选"允许来自 webhooks 和集成对本地网络的请求"复选框，并单击"保存更改"按钮，如图 6-14 所示。

进入"仓库"界面（浏览器访问 http://192.168.111.10:30880/root/game），新建文件，此处为.gitlab/agents/kubernetes-agent/config.yaml 文件，如图 6-15 所示。

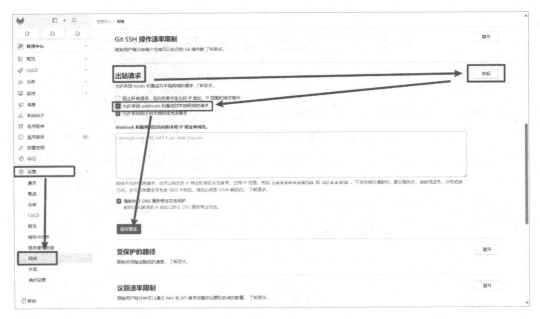

图 6-14　GitLab 网络访问配置

图 6-15　新建文件

选择左侧的"运维"→"Kubernetes 集群"选项，单击右侧的"连接集群"按钮，在弹出的"连接 Kubernetes 集群"对话框中选择"kubernetes-agent"选项，单击"注册"按钮，如图 6-16 所示。

可以看到，连接 Kubernetes 集群的相关配置，如图 6-17 所示。

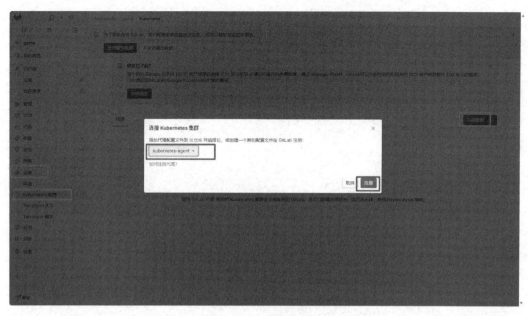

图 6-16　连接 Kubernetes 集群

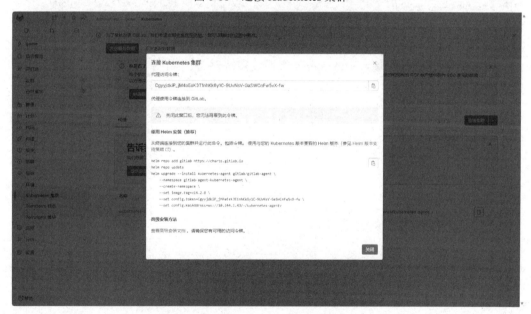

图 6-17　连接 Kubernetes 集群的相关配置

获取 GitLab 的 IP 地址，可以看到，查询到的 IP 地址为 10.105.138.248。

```
[root@master gitlab-ci]# kubectl get svc -n gitlab-ci
NAME      TYPE        CLUSTER-IP       EXTERNAL-IP    PORT(S)        AGE
gitlab    NodePort    10.105.138.248   <none>         80:30880/TCP   15h
```

通过如下命令安装 agent，将 config.token 的值修改为上一步界面中显示的值，并将 config.kasAddress 的值修改为使用上述命令查询到的 GitLab 的 IP 地址。

```
[root@master gitlab-ci]# helm upgrade --install kubernetes-agent gitlab-agent-1.1.0.tgz --namespace gitlab-ci --
create-namespace --set image.tag=v16.2.0 --set config.token=CgyyjdkiP_jM4aEeK3T1nhKk8y1C-9UvNsV-
GaSWCnFw5vX-fw --set config.kasAddress=ws://10.105.138.248/-/kubernetes-agent/
Release "kubernetes-agent" does not exist. Installing it now.
NAME: kubernetes-agent
LAST DEPLOYED: Mon May   6 03:06:30 2024
NAMESPACE: gitlab-ci
STATUS: deployed
REVISION: 1
TEST SUITE: None
```

查看 Release 和 Pod。

```
[root@master gitlab-ci]# helm -n gitlab-ci list
NAME                       NAMESPACE          REVISION          UPDATED
STATUS            CHART                     APP VERSION
gitlab-runner              gitlab-ci          1                 2024-05-04 16:04:55.354592521 +0800 CST
deployed          gitlab-runner-0.43.0   15.2.0
kubernetes-agent           gitlab-ci          1                 2024-05-04 18:16:01.667525775 +0800 CST
deployed          gitlab-agent-1.1.0     v15.0.0
```

在"连接 Kubernetes 集群"对话框中，单击"关闭"按钮，并刷新界面，可以看到 Kubernetes 集群已连接成功。Kubernetes 集群连接成功界面如图 6-18 所示。

图 6-18　Kubernetes 集群连接成功界面

2）启用 Container Registry 功能

在 GitLab 中，要启用 Container Registry 功能，应先进入"game"界面，然后在该界面中，选择左侧的"设置"→"CI/CD"选项，进入"CI/CD 设置"界面，如图 6-19 所示。

图 6-19　"CI/CD 设置"界面

在"变量"选项组中，配置镜像仓库的相关参数，添加变量。打开"添加变量"对话框，在"键"文本框中输入"REGISTRY"，在"值"文本框中输入"192.168.111.10:30002"（这里不需要添加 http://），取消勾选"标记"选项组中的"保护变量"复选框，如图 6-20 所示。

图 6-20　添加变量

根据上面的方法，依次添加环境变量 REGISTRY_IMAGE（game）、REGISTRY_PASSWORD（Harbor12345）、REGISTRY_PROJECT（game）、REGISTRY_USER（admin），添加完成后保存变量。环境变量添加完成界面如图 6-21 所示。

图 6-21　环境变量添加完成界面

3）配置 Harbor 仓库

登录 Harbor 仓库，新建一个名为 game 的公开项目，如图 6-22 所示。

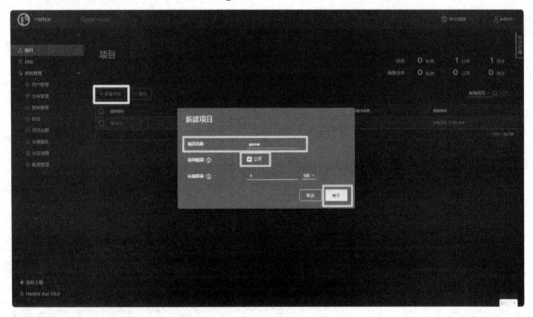

图 6-22　新建项目

将镜像 node:gamev1 推送到该项目中，推送前需要先登录 Harbor 仓库，并配置镜像标签。

```
[root@master ~]# vi /etc/docker/daemon.json
# 在原有的 exec-opts 参数行后面增加一个参数 insecure-registries
{
  "exec-opts": ["native.cgroupdriver=systemd"],
```

```
    "insecure-registries":["192.168.111.10:30002"]
}

    [root@master ~]# systemctl daemon-reload
    [root@master ~]# systemctl restart docker
    [root@master ~]# docker login 192.168.111.10:30002
    Username: admin
Password: # 输入密码 Harbor12345
WARNING! Your password will be stored unencrypted in /root/.docker/config.json.
Configure a credential helper to remove this warning. See
https://docs.docker.com/engine/reference/commandline/login/#credentials-store

Login Succeeded
[root@master ~]# docker tag nginx:latest 192.168.111.10:30002/library/nginx:latest
    [root@master ~]# docker push 192.168.111.10:30002/library/nginx:latest
The push refers to repository [192.168.111.10:30002/library/nginx]
9fd54926bcae: Pushed
175aa66db4cc: Pushed
e6380a7057a5: Pushed
1db2242fc1fa: Pushed
b09347a1aec6: Pushed
bbde741e108b: Pushed
52ec5a4316fa: Pushed
latest: digest: sha256:810ca58c5f0e8e3bc8b5414028cfd09322757c74b0384e601a98a1e8c8513707 size: 1778
```

这时还需要切换到 Worker 节点上对 Harbor 进行信任设置，因为部署的 Harbor 默认协议只有 HTTP，所以需要信任这个站点，以实现在拉取镜像时使用 HTTP。

```
[root@worker ~]# vi /etc/docker/daemon.json
{
    "exec-opts": ["native.cgroupdriver=systemd"],
    "insecure-registries":["192.168.111.10:30002"]
}
[root@master ~]# systemctl daemon-reload
[root@master ~]# systemctl restart docker
```

4）配置.gitlab-ci.yaml 文件

（1）.gitlab-ci.yaml 文件简介。

CI 通过 YAML 文件管理并配置 Job，定义 Job 应该如何工作。该 YAML 文件被存放于仓库的根目录下，默认名为.gitlab-ci.yaml。

.gitlab-ci.yaml 文件中指定了 CI 的触发条件、工作内容、工作流程，编写和理解.gitlab-ci.yaml 文件是 CI 实战中十分重要的一步，gitlab-ci.yaml 文件指定的任务内容总体构成了一个 Pipeline，一个 Pipeline 包含不同的 Stage，每个 Stage 又包含不同的具体 Job 脚本任务。

当有新的内容被 push 到仓库中或代码合并后，GitLab 会查找是否存在.gitlab-ci.yaml 文件。如果存在.gitlab-ci.yaml 文件，那么 Runner 会根据该文件的内容开始 build（构建）本次 commit（提交）。

（2）Pipeline。

一个.gitlab-ci.yaml 文件被触发后会形成一个 Pipeline 任务流，由 GitLab Runner 来运行处理。一个 Pipeline 可以包含多个 Stage，如安装依赖、运行测试、编译、部署测试服务器、部署生产服务器等。任何提交或合并 Merge Request（分支合并请求）都会触发 Pipeline 的构建。

（3）Stage。

Stage 表示构建阶段，也就是上面提到的流程。可以在一个 Pipeline 中定义多个 Stage，这些 Stage 有以下特点。

① 所有 Stage 都会按照顺序运行，即只有完成一个 Stage 后，才会开始下一个 Stage。

② 只有当所有 Stage 都完成后，构建任务才会成功。

③ 任何一个 Stage 失败，后面的 Stage 都不会执行，即构建任务失败。

（4）Job。

Job 表示构建工作，即某个 Stage 中执行的工作。可以在一个 Stage 中定义多个 Job，这些 Job 有以下特点。

① 相同 Stage 中的 Job 会并行执行。

② 只有相同 Stage 中的 Job 都成功，Stage 才会成功。

③ 如果任何一个 Job 失败，那么 Stage 会失败，即构建任务失败。

一个 Job 被定义为一列参数，这列参数指定了 Job 的行为。主要的 Job 参数如表 6-5 所示。

表 6-5 主要的 Job 参数

参数	是否必须	描述
script	是	由 GitLab Runner 执行的 Shell 脚本或命令
image	否	用于 Docker 镜像
services	否	用于 Docker 服务
stages	否	定义构建阶段
types	否	Stage 的别名(已废除)
before_script	否	定义每个 Job 之前运行的命令
after_script	否	定义每个 Job 之后运行的命令
variable	否	定义构建变量
cache	否	定义一组文件列表，可以在后续运行中使用

下面提供 game 项目的流水线。

```
stages:
  - build
  - release
  - review
```

```
npm_build:
  image: node:gamev1
  stage: build
  script:
    - tar zxf /root/node.tar.gz -C .
    - npm install --prefer-offline
    - npm run build
    - cp -rf dist /home/gitlab-runner/ci-build-cache/

image_build:
  image: docker:18.09.7
  stage: release
  variables:
    DOCKER_DRIVER: overlay
    DOCKER_HOST: tcp://localhost:2375
    #CI_DEBUG_TRACE: "true"
  services:
    - name: docker:18.09.7-dind
      command: ["--insecure-registry=0.0.0.0/0"]
  script:
    - cp -rfv /home/gitlab-runner/ci-build-cache/dist .
    - sed -i "s#IMGURL#${REGISTRY}/library/nginx:latest#g" ./deploy/Dockerfile
    - docker build -t "${REGISTRY_IMAGE}:latest" -f ./deploy/Dockerfile .
    - docker tag "${REGISTRY_IMAGE}:latest"
"${REGISTRY}/${REGISTRY_PROJECT}/${REGISTRY_IMAGE}:latest"
    - docker login -u "${REGISTRY_USER}" -p "${REGISTRY_PASSWORD}" http://"${REGISTRY}"
    - docker push "${REGISTRY}/${REGISTRY_PROJECT}/${REGISTRY_IMAGE}:latest"

deploy_review:
  image: kubectl:1.22
  stage: review
  script:
    - kubectl delete -f deploy/game-deploy.yaml --ignore-not-found=true
    - sed -i "s#IMGURL#${REGISTRY}/${REGISTRY_PROJECT}/${REGISTRY_IMAGE}:latest#g"
deploy/game-deploy.yaml
    - kubectl apply -f deploy/game-deploy.yaml
```

　　5）构建 CI/CD

　　（1）编辑流水线。

　　在"game"界面中，选择左侧的"构建"→"流水线编辑器"选项，在打开的"流水线编辑器"界面中单击"配置流水线"按钮，如图 6-23 所示。

　　将上面提供的流水线文件的内容复制并粘贴到流水线编辑器内，单击"提交更改"按钮，如图 6-24 所示。

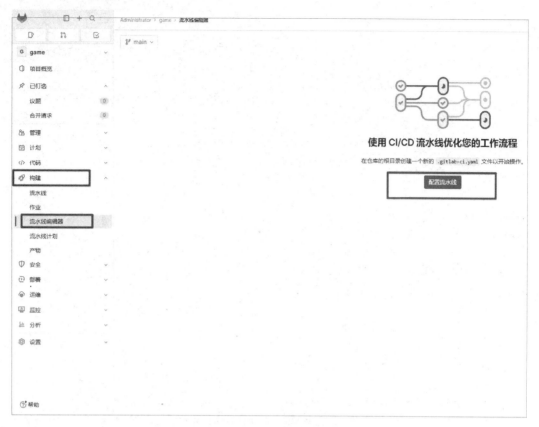

图 6-23　配置流水线

图 6-24　编辑流水线脚本

（2）触发构建。

流水线脚本编辑完成后会自动触发构建，进入"game"界面，选择左侧的"构建"→"流水线"选项，可以在打开的"流水线"界面中看到开始执行构建任务，如图 6-25 所示。

图 6-25　"流水线"界面

在"流水线"界面中，分别单击"阶段"下方的 3 个图标，即可分别查看流水线定义的各阶段的具体执行过程，如图 6-26 所示。

图 6-26　查看流水线的具体执行过程

流水线的 3 个阶段全部执行完成，表示流水线构建结束。查看结果如图 6-27 所示。

图 6-27　查看结果

此时，gitlab-ci 命名空间中会出现一个新的 Pod，下面通过 kubectl 命令查看 Pod。

```
[root@master Game-master]# kubectl get pods -n gitlab-ci
NAME                                                   READY    STATUS     RESTARTS        AGE
game-deploy-868c5996d4-wxjtj                           1/1      Running    0               4m6s
gitlab-6fb94d5d78-r5dhc                                1/1      Running    1 (16h ago)     16h
gitlab-runner-5d5d4f746c-sxkph                         1/1      Running    0               38m
kubernetes-agent-gitlab-agent-5c5db557f9-x8bp4  1/1      Running    0               35m
```

查看 Harbor，将会发现多出了一个镜像，也就是 game 项目的 Docker 镜像，如图 6-28 所示。

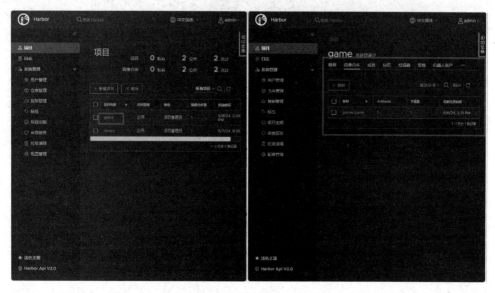

图 6-28　查看 Harbor

可以看到，镜像已构建并上传成功。之后，查看 Service，并查看 game 项目的访问方式。

```
[root@master Game-master]# kubectl get svc -n gitlab-ci
NAME          TYPE         CLUSTER-IP        EXTERNAL-IP    PORT(S)          AGE
game-svc      NodePort     10.106.2.186      <none>         80:30066/TCP     8m53s
gitlab        NodePort     10.105.138.248    <none>         80:30880/TCP     16h
```

可以看到，game 项目以 NodePort 的方式映射到了主机端口 30066 上。

访问 game 项目（浏览器访问 http://192.168.111.10:30066），如图 6-29 所示。

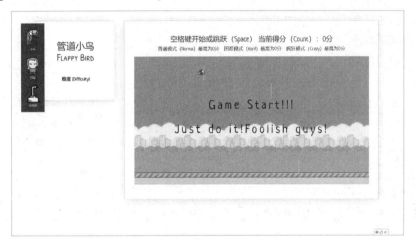

图 6-29　访问 game 项目

项目小结

　　本项目深入探讨了 CI/CD 的重要性及相应的工作流程。首先，介绍了 CI/CD 的基础知识、CI/CD 工作流程，以及 CI/CD 的优势及常见的应用场景。其次，分解了具体的实践任务，先介绍了如何安装 GitLab，搭建了一个版本控制平台，这为团队协作奠定了基础；然后介绍了如何部署 GitLab Runner，这是执行 CI/CD 工作流程的关键组件，确保了代码的自动化构建和部署；最后通过介绍如何配置 GitLab 并构建 CI/CD，将整个自动化流程完整地呈现出来。通过学习这些任务，读者不仅能够自行建立一个自动化的开发环境，还能够使用 CI/CD 提高软件开发的效率、质量和可靠性。

　　相信在未来的实际项目中，读者学到的这些知识和技能将成为团队协作和软件交付的关键利器。通过持续学习和实践，读者将可以更好地适应和应对不断变化的软件开发环境，提升团队整体的技术水平和项目交付能力。

课后练习

1.（单选题）在 CI/CD 中，GitLab Runner 主要用于执行的任务是（　　）。

　　A．版本控制

　　B．代码审查

　　C．自动化脚本运行

　　D．用户管理

2．（单选题）与 GitLab 相比，Jenkins 的主要优势在于（　　）。

    A．版本控制

    B．社区支持

    C．插件系统

    D．用户界面友好

3．（多选题）在配置 CI/CD 工作流程时，需要考虑的要素有（　　）。

    A．代码审查规则

    B．构建任务

    C．测试脚本

    D．项目文档

4．（多选题）使用 Jenkins 执行 CI/CD 流水线时的常用功能有（　　）。

    A．触发器构建

    B．代码合并

    C．邮件通知

    D．实时监控

5．（判断题）GitLab 自带的 CI/CD 的工具可以完全替代 Jenkins 的所有功能。（　　）

6．（判断题）CD 用于确保所有代码更改通过自动化测试后被自动部署到生产环境中。

                                    （　　）

实训练习

1．安装 GitLab：基于任务 6.1，安装一个 GitLab，确保能够访问 GitLab 的 Web 界面，创建项目，并了解基本的配置。

2．部署 GitLab Runner：基于任务 6.2，部署 GitLab Runner，确保 GitLab Runner 能够被成功注册到 GitLab 中，并能够执行简单的 CI/CD 流水线。